精通AI

虚拟数字人

制作与应用

木白 编著

直播主播 + 视频博主 + 营销推广 + 教育培训

北京大学出版社
PEKING UNIVERSITY PRESS

内 容 提 要

AI时代数字人正逐渐被大家认可并应用于各个场景。本书内容从技能线和工具线展开介绍，具体内容如下。技能线：详细介绍了虚拟数字人的技术原理、商业价值、创建工具等基础内容，以及AI文案、AI绘画、虚拟数字人及其直播、AI视频博主、AI带货主播、AI培训讲师等实操案例，旨在帮助读者简单快速地获取专业知识，逐步精通虚拟数字人的核心技术。工具线：详细介绍了ChatGPT、Stable Diffusion、腾讯智影、剪映等工具的使用方法，并通过大量实例介绍了使用这些工具制作数字人的技巧，零基础的读者也能轻松学会。

本书内容从零起步，循序渐进，案例丰富，可以帮助读者快速掌握虚拟数字人的制作与应用技巧。本书适合对虚拟数字人感兴趣的读者，如直播主播、短视频博主、培训讲师、电商商家、企业营销人员等，以及媒体、广告、文化、教育、游戏、影视、娱乐、医疗、零售等行业的相关从业者阅读，也可作为AI相关培训机构、职业院校的参考教材。

本书附赠了同步教学视频＋素材效果文件＋电子教案和PPT教学课件＋15000多个AI绘画提示词等学习资源。

图书在版编目(CIP)数据

精通AI虚拟数字人制作与应用：直播主播＋视频博主＋营销推广＋教育培训 / 木白编著. — 北京：北京大学出版社，2024.5
ISBN 978-7-301-35008-9

Ⅰ.①精… Ⅱ.①木… Ⅲ.①虚拟现实 Ⅳ.①TP391.98

中国国家版本馆CIP数据核字（2024）第081800号

书　　　名	精通AI虚拟数字人制作与应用：直播主播＋视频博主＋营销推广＋教育培训
	JINGTONG AI XUNI SHUZIREN ZHIZUO YU YINGYONG: ZHIBO ZHUBO＋SHIPIN BOZHU＋YINGXIAO TUIGUANG＋JIAOYU PEIXUN
著作责任者	木　白　编著
责 任 编 辑	王继伟　孙金鑫
标 准 书 号	ISBN 978-7-301-35008-9
出 版 发 行	北京大学出版社
地　　　址	北京市海淀区成府路205号　100871
网　　　址	http://www.pup.cn　　新浪微博:@北京大学出版社
电 子 邮 箱	编辑部 pup7@pup.cn　　总编室 zpup@pup.cn
电　　　话	邮购部 010-62752015　发行部 010-62750672　编辑部 010-62570390
印 刷 者	北京宏伟双华印刷有限公司
经 销 者	新华书店
	787毫米×1092毫米　16开本　12印张　309千字
	2024年5月第1版　2024年5月第1次印刷
印　　　数	1-4000册
定　　　价	79.00元

前言
Preface

随着人工智能技术的不断发展，虚拟数字人已经成为一个热门话题，受到了广泛关注。本书旨在为读者提供全面、实用的虚拟数字人技术指导和案例分析，帮助读者掌握这一强大的AI技能，满足制作和应用虚拟数字人的需求。

作为一个长期从事虚拟数字人研究的人，我深感这一领域的巨大潜力。我发现，无论是在直播、短视频，还是在营销推广、品牌代言、教育培训、影视创意、数字员工、数字分身等领域，虚拟数字人都具有广泛的应用前景。因此，我决定编写本书，分享我的见解和经验，帮助更多的人了解和掌握虚拟数字人的相关知识和技能，为个人或企业的发展带来新的机遇。

在本书中，先介绍了虚拟数字人的基础知识，包括其定义、技术原理和商业价值等；然后，详细阐述了虚拟数字人的制作工具，包括生成数字人文案、生成数字人图像、生成动态数字人和生成虚拟主播等方法；最后，探讨了虚拟数字人在短视频、营销推广和教育培训等领域的实战应用。

本书非常适合对虚拟数字人感兴趣的读者，包括但不限于媒体、广告、营销、教育、游戏、医疗、零售等行业的从业者。通过阅读本书，读者可以深入了解虚拟数字人的制作方法和应用技巧，并掌握制作专业数字人的方法。

本书为读者提供了系统而详细的虚拟数字人制作教程，书中丰富的案例可以帮助读者将理论知识高效地转化为实用技能，丰富的图解直观地展示了书中的知识点，有助于读者学习相关内容。

虚拟数字人的未来发展将更加广阔和多元化，希望读者能够通过阅读本书获得一些启示和帮助，在虚拟数字人的制作与应用方面有所收获。同时，希望读者积极探索和实践，不断推动虚拟数字人的创新和发展。

最后，感谢所有支持本书的读者。我相信，这本书将成为你们了解和学习虚拟数字人知识的宝贵资料，也期待你们在数字人领域取得更大的成功。

关于本书的特别提示如下。

（1）版本更新：编写本书时，是基于当前各种工具的功能页面截取的实际操作图片，但本书从编辑到出版需要一段时间，这些工具的功能和页面可能会有所变动，请在阅读时，根据书中的思路举一反三地进行学习。其中，ChatGPT为3.5版、Stable Diffusion为1.5.2版、

剪映为4.6.0内测版。

（2）会员功能：腾讯智影的"数字人直播"功能需要开通"直播体验版"或"真人接管直播专业版"会员才能使用。另外，腾讯智影的部分数字人也需要开通"高级版会员"或"专业版会员"才能使用。

（3）提示词的使用：即使是相同的提示词，各种AI工具每次生成的文字或图像内容也会有所差别。

本书由木白编著，参与编写的人员还有苏高、胡杨等人，在此表示感谢。由于作者知识水平有限，书中难免有疏漏之处，恳请广大读者批评、指正。

编者

温馨提示

本书附赠学习资源，读者可用微信扫描右侧二维码，关注微信公众号，然后输入本书第77页资源下载码，根据提示获取。

博雅读书社

目录
CONTENTS

01 第1章
CHAPTER 虚拟人物：了解虚拟数字人的技术原理

1.1 认识虚拟数字人 002
1.1.1 什么是虚拟数字人 002
1.1.2 虚拟数字人的优势 002
1.1.3 虚拟数字人的应用领域 003
1.1.4 虚拟数字人的发展前景 004
1.1.5 虚拟数字人面临的挑战 005

1.2 虚拟数字人的技术基础 005
1.2.1 计算机技术 006
1.2.2 图像处理技术 007
1.2.3 深度学习技术 008
1.2.4 人工智能技术 008
◎ 本章小结 009
◎ 课后习题 009

02 第2章
CHAPTER 行业分析：用虚拟数字人创造商业价值

2.1 虚拟数字人的产业链分析 011
2.1.1 基础层：为虚拟数字人提供基础支撑 011
2.1.2 平台层：为虚拟数字人提供技术支持 012
2.1.3 应用层：为虚拟数字人提供解决方案 012

2.2 虚拟数字人的商业价值分析 013
2.2.1 虚拟偶像的商业价值分析 013
2.2.2 领域"专家"的商业价值分析 014
2.2.3 艺人分身的商业价值分析 015
2.2.4 虚拟好友的商业价值分析 016
2.2.5 虚拟主播的商业价值分析 017
2.2.6 元宇宙分身的商业价值分析 018

2.3 虚拟数字人的商业模式分析 018
2.3.1 toB端的商业模式分析 018
2.3.2 toC端的商业模式分析 019

2.3.3 虚拟数字人的商业化落地 020
◎ 本章小结 021
◎ 课后习题 021

03 第3章
CHAPTER 创建工具：快速生成你的专属虚拟数字人

3.1 虚拟数字人的生成工具 023
3.1.1 腾讯智影 023
3.1.2 剪映 024
3.1.3 来画 025
3.1.4 KreadoAI 026
3.1.5 D-Human 026

3.2 虚拟数字人的创作平台 027
3.2.1 百度智能云曦灵·智能数字人平台 027
3.2.2 魔珐科技AI虚拟人能力平台 028
3.2.3 华为云MetaStudio数字内容生产线 029
3.2.4 相芯科技虚拟数字人平台AvatarX 030
3.2.5 科大讯飞AI虚拟人交互平台 030
3.2.6 追一科技Face虚拟数字人平台 031
◎ 本章小结 032
◎ 课后习题 032

04 第4章
CHAPTER 生成文案：用ChatGPT生成高质量口播内容

4.1 掌握ChatGPT的提示词使用技巧 034
4.1.1 在提示词中指定具体的数字 034
4.1.2 向ChatGPT提问的正确方法 035
4.1.3 提升ChatGPT的内容逻辑性 035
4.1.4 以提问的形式写提示词 036
4.1.5 假设角色身份并进行提问 037

4.2 用ChatGPT生成数字人视频文案 039
4.2.1 生成企业入职培训文案 039

4.2.2 生成产品营销文案　040
4.2.3 生成直播带货文案　041
4.2.4 生成穿搭技巧文案　042
4.2.5 生成新闻传媒文案　043
4.2.6 生成教育培训文案　044
4.2.7 生成自我介绍文案　045
4.2.8 生成年终总结文案　045
◎ 本章小结　047
◎ 课后习题　047

05 CHAPTER 第5章
生成图像：用Stable Diffusion制作人物和背景

5.1 定制数字人的虚拟人物形象　049
5.1.1 制作二次元风格的数字人形象　049
5.1.2 制作真人风格的数字人形象　051
5.1.3 制作3D风格的数字人形象　054

5.2 制作数字人视频的背景效果　055
5.2.1 生成风景类背景效果　055
5.2.2 生成动画场景类背景效果　057
5.2.3 生成虚拟场景类背景效果　059

5.3 生成与商品融合的数字人模特　060
5.3.1 制作数字人骨骼姿势图　060
5.3.2 生成数字人模特效果　062
◎ 本章小结　065
◎ 课后习题　065

06 CHAPTER 第6章
生成数字人：用腾讯智影定制专属数字人视频

6.1 生成虚拟数字人的基本设置　068
6.1.1 熟悉数字人播报功能页面　068

6.1.2 选择合适的数字人模板　070
6.1.3 设置数字人的人物形象　071
6.1.4 修改数字人的播报内容　075
6.1.5 导入自定义的播报内容　076
6.1.6 编辑数字人的文字效果　078
6.1.7 设置数字人的字幕样式　080
6.1.8 合成数字人视频效果　082

6.2 修改虚拟数字人的视频效果　084
6.2.1 使用PPT模式编辑数字人　084
6.2.2 修改数字人视频的背景　087
6.2.3 上传资源合成数字人素材　088
6.2.4 使用在线素材编辑数字人　091
6.2.5 给数字人添加动态贴纸　094
6.2.6 修改数字人的背景音乐　097
6.2.7 添加花字效果和文字模板　099
6.2.8 修改数字人的画面比例　102
◎ 本章小结　104
◎ 课后习题　104

07 CHAPTER 第7章
生成主播：用腾讯智影实现数字人实时直播

7.1 使用腾讯智影的数字人直播功能　107
7.1.1 开通数字人直播功能的方法　107
7.1.2 数字人直播功能页面的介绍　108
7.1.3 直播节目的创建与编排技巧　109
7.1.4 直播数字人的形象和画面设置　111
7.1.5 串联多个直播节目生成直播间　112
7.1.6 监测开播风险并设置直播类型　113
7.1.7 使用直播推流工具进行开播　114
7.1.8 通过互动问答库与观众互动　116
7.1.9 实时接管提高数字人直播互动性　117

7.2 数字人直播的注意事项和常见问题　118

7.2.1 避免数字人直播的风险　118
7.2.2 注意容易触犯的风险点　119
7.2.3 使用合适的数字人直播方式　119
7.2.4 制作数字人直播节目时的常见问题　120
7.2.5 关于数字人直播互动功能的常见问题　121
7.2.6 数字人直播节目开播中的常见问题　122
◎ **本章小结**　**122**
◎ **课后习题**　**122**

08 CHAPTER 第8章
视频博主数字人实战:《无人机航拍攻略》

8.1 生成与编辑数字人　124
8.1.1 生成数字人　124
8.1.2 生成智能文案　125
8.1.3 美化数字人形象　127

8.2 优化数字人视频效果　128
8.2.1 制作数字人背景效果　128
8.2.2 添加无人机视频素材　129
8.2.3 给数字人视频添加同步字幕　131
8.2.4 添加片头和贴纸效果　133
8.2.5 添加背景音乐　135

09 CHAPTER 第9章
营销推广数字人实战:《小红书好物"种草"》

9.1 生成AI文案与数字人　139
9.1.1 使用ChatGPT生成文案　139

9.1.2 选择合适的数字人模板　140
9.1.3 使用文本驱动数字人　142

9.2 编辑数字人视频内容　143
9.2.1 调整数字人的外观形象　144
9.2.2 更换模板中的视频内容　145
9.2.3 更改模板中的文字内容　146
9.2.4 上传并添加背景音乐　148
9.2.5 给视频添加风铃音效　149

10 CHAPTER 第10章
教育培训数字人实战:《虚拟数字人小课堂》

10.1 制作数字人视频的主体内容　153
10.1.1 制作第1个数字人片段　153
10.1.2 制作第2个数字人片段　156
10.1.3 制作第3个数字人片段　159
10.1.4 制作第4个数字人片段　160
10.1.5 制作第5个数字人片段　162

10.2 添加数字人视频的细节元素　163
10.2.1 添加教学背景图片　163
10.2.2 添加片头片尾标题　167
10.2.3 添加视频讲解字幕　170
10.2.4 添加鼠标指示贴纸　173
10.2.5 添加背景音乐　175

习题答案　178

第1章

虚拟人物：了解虚拟
数字人的技术原理

本章导读

在当今的数字化时代，人工智能（Artificial Intelligence，AI）技术正逐渐成为推动社会发展、改善人民生活的重要力量。其中，虚拟数字人作为一种创新的应用形式，已经引起了人们广泛的关注。虚拟数字人是指通过人工智能技术构建的，具有人类外貌、行为和情感特征的数字化形象，它们可以在娱乐、教育、医疗、客户服务等场景中提供服务。本章将深入探讨虚拟数字人的技术原理，以期帮助大家更好地了解这一前沿技术。

1.1 认识虚拟数字人

随着科技的快速发展，我们周围的世界正经历着数字化、虚拟化的变革。在这样一个时代背景下，虚拟数字人应运而生，且在各个领域发挥着越来越重要的作用。本节将带领大家深入了解虚拟数字人的定义、优势、应用领域及其未来的发展趋势，探讨这一前沿技术在现代社会中的价值和潜力。

1.1.1 什么是虚拟数字人

虚拟数字人（Digital Human/Meta Human），是运用数字技术创造出来的、与人类形象接近的数字化人物形象。虚拟数字人拥有与真人形象接近的外貌、性格、穿着等特征，同时具备数字人物身份与虚拟角色身份等特征，可作为虚拟偶像、虚拟主播等角色参与到各类社会活动中。

虚拟数字人的出现得益于人工智能技术的不断发展。从2007年世界上第一个使用全息投影技术举办的虚拟偶像"初音未来"的演唱会，到2012年中国偶像"洛天依"的诞生，再到2023年在杭州举行的第19届亚洲运动会开幕式上使用数字人作为火炬手（见图1-1），其背后是人工智能技术的迭代与进步。

图1-1 第19届亚洲运动会开幕式上的数字人火炬手

如今，虚拟数字人已慢慢走进人们的生活，它们不仅有助于推动现实社会中的活动与交互方式的发展，同时对人们的工作和生活也有着潜在的影响和挑战。

1.1.2 虚拟数字人的优势

在数字化时代，一种新型的技术产物——虚拟数字人迅速崭露头角，它们以独特的优势和无限的可能性引领着未来科技的发展潮流。虚拟数字人的出现与发展，大大促进了虚拟人物在各领域中的应用，其主要优势如图1-2所示。

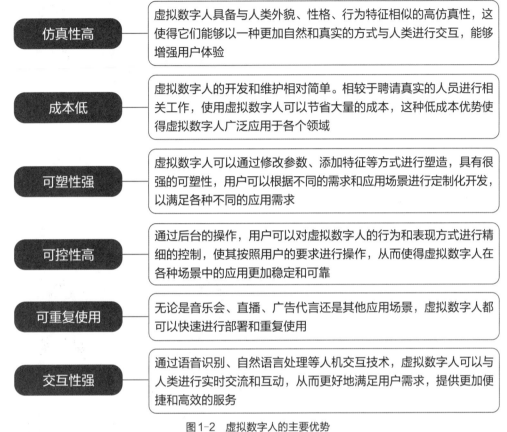

仿真性高	虚拟数字人具备与人类外貌、性格、行为特征相似的高仿真性，这使得它们能够以一种更加自然和真实的方式与人类进行交互，能够增强用户体验
成本低	虚拟数字人的开发和维护相对简单。相较于聘请真实的人员进行相关工作，使用虚拟数字人可以节省大量的成本，这种低成本优势使得虚拟数字人广泛应用于各个领域
可塑性强	虚拟数字人可以通过修改参数、添加特征等方式进行塑造，具有很强的可塑性，用户可以根据不同的需求和应用场景进行定制化开发，以满足各种不同的应用需求
可控性高	通过后台的操作，用户可以对虚拟数字人的行为和表现方式进行精细的控制，使其按照用户的要求进行操作，从而使得虚拟数字人在各种场景中的应用更加稳定和可靠
可重复使用	无论是音乐会、直播、广告代言还是其他应用场景，虚拟数字人都可以快速进行部署和重复使用
交互性强	通过语音识别、自然语言处理等人机交互技术，虚拟数字人可以与人类进行实时交流和互动，从而更好地满足用户需求，提供更加便捷和高效的服务

图1-2　虚拟数字人的主要优势

1.1.3　虚拟数字人的应用领域

随着技术的不断发展，虚拟数字人的功能和性能也将不断提升，为我们的生活和工作带来更多的改变。无论是娱乐、教育、医疗还是其他领域，虚拟数字人的应用领域都将不断扩展，并成为未来数字化时代的重要一环。

以下是目前虚拟数字人主要的应用领域。

（1）娱乐和游戏。这是广为人知的虚拟数字人应用领域之一，如虚拟偶像、虚拟歌手等在音乐会、演唱会上亮相，与"粉丝"进行互动，为观众带来了全新的娱乐体验。图1-3所示为乐华娱乐旗下的虚拟偶像女团A-SOUL。

图1-3　乐华娱乐旗下的虚拟偶像女团A-SOUL

（2）教育和培训。虚拟教师和虚拟辅导员可以为学生提供更为灵活和多样化的学习方式，通过虚拟数字人进行辅导、答疑解惑（见图1-4），可以增强学习的互动性和趣味性，提高学生的学习兴趣和效果。

（3）医疗和健康。虚拟护理员可以为患者提供贴心和便捷的护理服务；通过虚拟数字人也可以进行健康咨询、康复训练等，这不仅减轻了医护人员的工作压力，还提高了患者的就医体验。

图1-4　虚拟人物进行辅导示例

（4）客户服务和营销。虚拟客服可以为企业客户提供更加高效、便利的服务，通过虚拟数字人充当在线客服，可以提高客户服务的效率和质量，同时也可以降低运营成本。

（5）影视和媒体。虚拟记者、虚拟主持人在新闻报道、节目播报等领域中越来越常见，它们可以快速传递信息，提高节目的互动性和观赏性。

（6）社交和直播。在社交媒体和直播平台上，虚拟主播、虚拟"网红"等越来越受欢迎，它们与"粉丝"进行互动，分享生活和娱乐内容，为观众带来了全新的社交体验。虚拟主播示例如图1-5所示。

图1-5　虚拟主播示例

1.1.4　虚拟数字人的发展前景

随着人工智能、虚拟现实（Virtual Reality，VR）和增强现实（Augmented Reality，AR）等技术的不断发展，虚拟数字人的外貌、性格、行为特征等将更加逼真、自然，交互能力和可控性也将得到进一步提升。

与此同时，虚拟数字人的应用领域也在不断扩展。未来，除了娱乐、教育、医疗、客户服务等传统领域，虚拟数字人还可能应用于智能家居、智能交通、工业生产等领域，为用户提供各种各样的服务。

例如，宝马i Vision Dee是一款可以与车主交谈的概念车，它不仅可以通过其双肾型格栅做出诸如喜悦、惊讶、赞同等不同的"面部"表情，还可以在车窗上展示驾驶者的虚拟形象，如图1-6所示。

图1-6　宝马i Vision Dee的驾驶者虚拟形象功能展示

　　虚拟数字人作为一种新型的商业形态，具有非常高的商业价值。未来，随着虚拟数字人技术的不断发展和应用领域的扩展，其商业价值将进一步得到提升，甚至还可以作为数字资产被企业拥有和管理，为企业创造更多的利润。

　　此外，虚拟数字人与现实人物之间的界限也将变得越来越模糊，二者之间将产生更多的互动和交融，这种跨界融合将为虚拟数字人的发展带来更多的可能性。同时，人们对虚拟数字人的认可度将不断提高，越米越多的人升始接受和使用虚拟数字人技术，并将其作为自己生活和工作中不可或缺的一部分。

　　总的来说，虚拟数字人的发展前景非常广阔，它将在各个领域发挥越来越重要的作用。目前，虚拟数字人还存在一些不足之处，但随着技术的不断进步，相信这些问题将逐渐得到解决。让我们共同期待虚拟数字人未来的发展成果吧！

1.1.5　虚拟数字人面临的挑战

　　尽管虚拟数字人的前景看起来光明无限，但它在现实中面临的一些挑战不容忽视，包括技术难题、数据隐私和安全、法规和政策、社会接受度、商业价值变现等，具体内容如下。

　　（1）技术难题。尽管虚拟数字人技术已经取得了显著的进步，但在表情的生动性、语音的流畅性和自然性、与现实世界的交互能力等方面，仍存在许多技术难题需要攻克。

　　（2）数据隐私和安全。虚拟数字人需要大量的数据来训练和改进，然而这些数据可能包含用户的个人信息和其他敏感信息，如何在训练和使用虚拟数字人的同时，保护用户的隐私和数据安全，是一个需要大家重视的问题。

　　（3）法规和政策。虚拟数字人的发展可能会涉及许多新的法规和政策问题。例如，在虚拟数字人的创造和使用过程中，如何保护知识产权？相关问题的答案尚不明确，需要相关法规和政策制定者进行深入的研究和讨论。

　　（4）社会接受度。虚拟数字人是一种新的事物，一些人可能会对虚拟数字人感到好奇，而也有一部分人可能会对它们感到担忧，如何进一步提高大众对虚拟数字人的接受度，是一个需要在更广泛的范围内进行讨论的问题。

　　（5）商业价值变现。前文说过，虚拟数字人有很高的商业价值，但如何有效地将这种价值转化为实际的商业利益，这也是一个很大的挑战。虚拟数字人的创造者和使用者需要找到一种可持续的商业模式，以支持虚拟数字人的进一步发展。

1.2　虚拟数字人的技术基础

　　虚拟数字人是一种由计算机技术、图像处理技术、深度学习技术和人工智能技术等集成的先进技术产物，它们能在各种场景下模拟人类的外貌、行为和声音，甚至能实现与现实世界的交互和信息共享。

　　总的来说，虚拟数字人的技术基础是一个多元化且复杂的概念，它涉及多种技术的集成和交叉运用。然而，正是这些技术的不断发展，使虚拟数字人得以在更多的领域中被应用，同时也带来了更多的可能性。

本节将详细探讨虚拟数字人的技术基础，希望大家对虚拟数字人的技术原理和应用有更深入的理解和认识。

1.2.1　计算机技术

计算机技术是指利用计算机硬件和软件，以及相关的技术和方法，对数据进行处理、传输、存储和显示的一类技术。在虚拟数字人领域，计算机技术主要用于虚拟数字人物的创建、渲染和交互，以提供更为真实和沉浸式的虚拟体验，具体来说主要包括以下4个方面。

（1）3D（Three Dimensions，三维）建模和渲染。利用计算机技术，可以对虚拟数字人的外貌进行精细化的处理和渲染，以实现更为逼真的视觉效果。例如，通过实时3D创作工具MetaHuman，可以创建人物的3D模型，并对其外观、姿势、表情等进行调整和渲染，从而创造出一系列真正多元化的角色，如图1-7所示。

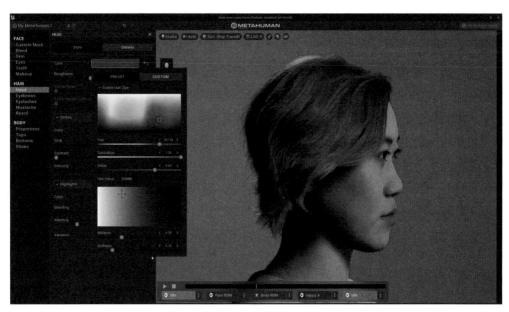

图1-7　实时3D创作工具MetaHuman

（2）动画和行为生成。利用计算机技术，可以生成虚拟数字人的动态行为和表情，这可以通过计算机动画、物理引擎、运动捕捉等技术实现。例如，通过运动捕捉技术，可以将真人的动作和表情捕捉并转化为数字信号，再将这些信号应用到虚拟数字人身上。

（3）语音合成和识别。计算机技术可以合成语音，也可以识别语音。在虚拟数字人领域，计算机技术可以用于生成真人的语音，也可以用于识别用户的语音输入，实现与虚拟数字人的交流。

（4）交互和响应。虚拟数字人需要与用户进行交互和响应，通过计算机技术，可以实现虚拟数字人对用户输入的信息（如文字、动作、表情等）进行识别和理解，并让虚拟数字人做出相应的回应。

总之，计算机技术在虚拟数字人领域中发挥了重要作用，从模型的建立与渲染，到动画与行为的生成，再到语音的合成与识别，以及最后的交互与响应，都离不开计算机技术的支持。随着计算机技术的不断发展，它在虚拟数字人领域中的应用也将越来越广泛和深入。

1.2.2 图像处理技术

图像处理技术是一种利用计算机对图像进行分析、处理和转换的技术。在虚拟数字人领域中，图像处理技术主要用于对虚拟数字人的图像信号进行处理，以达到更为逼真和生动的视觉效果，具体包括以下几个方面。

（1）图像增强和美化。图像处理技术可以对虚拟数字人的图像进行增强和美化，让虚拟数字人有更强的真实感。例如，通过对图像的色彩、亮度、对比度等进行调整，可以让虚拟数字人的肤色、服装等显得更加真实。

（2）场景重建。图像处理技术可以用于场景重建，以构建逼真的虚拟环境，这可以通过计算机图形学中的3D建模和渲染技术实现。例如，通过对现实场景进行3D扫描和渲染，可以生成与现实世界相似的虚拟场景，相关示例如图1-8所示。

图1-8 场景重建的相关示例

（3）图像信号处理。虚拟数字人的图像信号需要经过计算机的处理才能实现逼真的视觉效果，这可以通过图像处理技术中的信号处理来实现。例如，通过数字滤波技术，可以去除图像中的噪声和干扰，提高图像的质量。

（4）特征提取和识别。图像处理技术能够提取真实人物的特征，并进行识别，这可以通过计算机视觉技术来实现。例如，通过对面部特征的提取和识别，可以让虚拟数字人做出与人类相似的表情和情感反应，相关示例如图1-9所示。

图1-9 特征提取和识别的相关示例

1.2.3　深度学习技术

深度学习是机器学习技术的一种，它通过构建多层神经网络来模拟人类的神经系统，从而实现对大量数据的自动分类和预测。深度学习技术的最大特点是，利用多层次的特征提取和组合来实现高效的数据处理，它可以通过前向传播算法，将输入的数据通过多层神经网络，一层一层地进行特征提取和组合，最终得出分类或预测结果。

深度学习技术的应用领域非常广泛，包括自然语言处理、图像识别、语音识别、智能推荐等。例如，ChatGPT 就是一种采用深度学习技术的自然语言处理模型，它采用了预训练的语言模型 GPT（Generative Pre-trained Transformer，生成式预训练模型）来进行对话生成，可以理解自然语言的语义和语法，并用于生成自然语言文本，相关示例如下所示。

> 问　假设你是抖音平台的短视频创作者，擅长制作口播视频。请你根据爆款短视频口播文案的特点，围绕"为什么说友情是阶段性的"这一主题，创作一个短视频口播文案。

> 当谈到友情时，很多人都说友情是永恒的，但今天，我要告诉你一个不同的观点：友情，其实是阶段性的。为什么这么说呢？
>
> 想象一下，我们的生活像一部电影，每个人都是这个故事里的角色。而友情，就是这部电影中不同阶段的一段插曲。
>
> 第一个阶段，我们是童年的伙伴，一起捉迷藏，分享糖果，那时的友情是纯真的，无忧无虑的。但时间不会停留在童年，我们长大了，进入了第二个阶段。
>
> 在青春期，我们遇到了新朋友，有了不同的兴趣爱好，我们开始了自己的冒险，友情也在这个阶段发生了改变。我们学会了接受不同的观点，也学会了独立思考。
>
> 之后，第三个阶段来临了，我们进入了成人世界。工作、家庭、责任开始占据我们的时间，朋友之间的相处也不再像小时候那样频繁。但这并不意味着友情的结束，它只是表现为不同的形式。
>
> 所以，不要感到沮丧，因为友情是阶段性的。友情不会消失，它只是在我们生命中的不同时期扮演着不同的角色。不管是哪个阶段，友情都是一份珍贵的礼物，让我们一起珍惜每个阶段的友情，因为它们都是我们生命中不可或缺的一部分。

此外，深度学习技术还可以用于虚拟数字人的姿态估计和行为生成，从而实现更为真实的虚拟人物表现。在虚拟数字人的声音合成方面，深度学习技术也可以用于学习和模拟真实人类的声音特征，从而让虚拟数字人的声音效果更加逼真。

1.2.4　人工智能技术

人工智能是研究、开发用于模拟、延伸和扩展人的智能的理论、方法、技术及应用系统的一门新的技术科学，它试图了解智能的实质，并生产出一种新的能以与人类智能相似的方式做出反应的智能机器。该领域的研究包括机器人、语言识别、图像识别、自然语言处理和专家系统等。

在虚拟数字人领域，人工智能技术的具体应用包括以下几个方面。

（1）对话和交互。人工智能技术可以通过自然语言处理和语音识别技术，让虚拟数字人理解和回应人类输入的信息，从而实现更为真实自然的对话和交互效果。例如，用户可以使用文心一言App，与机器人进行语音交流，如图1-10所示。

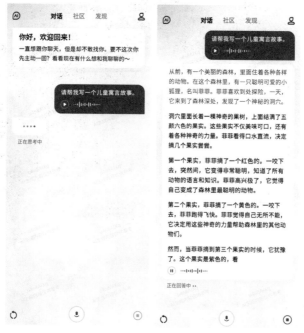

图 1-10　使用文心一言App与机器人进行语音交流

（2）行为和情感。人工智能技术可以利用深度学习和机器学习技术，模拟真实人类的情感反应和行为模式，让虚拟数字人能够表达情感、做出决策和完成任务等，从而实现更为拟人化的行为模式。

（3）优化和升级。人工智能技术可以通过自我学习和自我优化，不断提升虚拟数字人的性能和表现，使其更加智能、逼真和完善。

本章小结

本章主要向读者介绍了虚拟数字人的相关基础知识，具体内容包括虚拟数字人的概念、优势、应用领域、发展前景、面临的挑战，以及计算机技术、图像处理技术、深度学习技术、人工智能技术等。通过对本章的学习，读者能够更好地认识虚拟数字人。

课后习题

鉴于本章知识的重要性，为了帮助读者更好地掌握所学知识，本节将通过课后习题，帮助读者进行简单的知识回顾。

1. 虚拟数字人的主要优势有哪些？

2. 人工智能技术的概念是什么？

CHAPTER

02

第2章

行业分析：用虚拟数字人创造商业价值

本 章 导 读

目前，虚拟数字人已成为人们关注的热点。从早期的"初音未来"到现在的虚拟数字人直播带货，虚拟数字人在不断适应新环境的同时，发展出越来越多的新功能。本章将深入剖析虚拟数字人行业，包括产业链、商业价值，以及商业模式等方面。

2.1 虚拟数字人的产业链分析

虚拟数字人，这个一度让人惊呼神奇的存在，如今已经渗透到了各个领域，成为一股不可忽视的力量。虚拟数字人不仅在娱乐和游戏领域大放异彩，更是在商业营销、虚拟助手、智能客服等众多领域展现出强大的应用潜力。

当然，虚拟数字人的繁荣发展离不开一个健全的产业链，而这个产业链又涵盖了哪些方面呢？本节将对虚拟数字人的产业链进行深入的探讨和分析。

2.1.1 基础层：为虚拟数字人提供基础支撑

虚拟数字人的产业链上游是整个行业的基础和核心所在，主要涉及虚拟数字人相关的基础软、硬件工具的开发和制作。在这个环节中，企业的定位是提供底层平台工具，为虚拟数字人的创建和应用提供必要的技术支持和工具支撑。

在虚拟数字人的产业链上游，企业需要重点关注工具类产品的研发和制作，如Unity、Unreal Engine等渲染工具，3ds Max、Maya等建模工具，以及动作捕捉、扫描类光学器件等。这些工具在虚拟数字人的制作过程中起着至关重要的作用，因此对于企业来说，需要不断地优化和提升这些工具的性能和功能，以满足用户对虚拟数字人越来越高的要求。例如，Unreal Engine是一款功能强大的游戏引擎工具，同时也被广泛应用于虚拟人物的创作和渲染。它提供了先进的图形技术和工具，能够创造逼真的虚拟人物，并将其置于交互式的虚拟环境中，为人们带来极致的游戏体验，如图2-1所示。

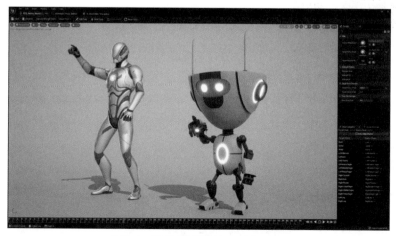

图2-1 游戏引擎工具Unreal Engine

虚拟数字人产业链上游的特点是技术壁垒较高，这意味着企业需要投入大量的资金和人力进行研发和创新，以保持在这个领域的领先地位。目前，该领域已经被一些头部企业占据，对于后入场者来说，需要切好细分的技术赛道，寻找与头部企业合作的机会，以进入这个市场并获得一定的市场份额。

2.1.2　平台层：为虚拟数字人提供技术支持

虚拟数字人的产业链中游主要涉及软、硬件系统，生产技术服务平台、AI能力平台等，这些平台为虚拟数字人的制作和开发提供了强大的技术支持。在这个环节中，企业的定位是提供SaaS（Software as a Service，软件即服务）平台，即通过提供技术服务以及完整的技术解决方案，帮助用户快速构建和应用虚拟数字人。

在虚拟数字人的产业链中游，企业需要重点关注技术集成和整体解决方案的输出，通过提供一站式的平台服务，帮助用户快速创建和部署虚拟数字人，并为用户提供稳定可靠的技术支持。

目前，诸多互联网头部企业（如百度、阿里巴巴、腾讯、字节跳动等），以及一些AI头部企业（如科大讯飞、商汤科技等）均开始布局完整的平台层。这些企业通过强大的技术实力和丰富的业务场景，为虚拟数字人的制作和应用提供了更多的可能性。同时，也有很多垂直型的虚拟数字人初创企业正在进入，通过不断拓展和创新，为虚拟数字人的发展注入新的活力。

例如，由科大讯飞推出的讯飞智作，它是一个功能强大的AIGC（Artificial Intelligence Generated Content，生成式人工智能）内容创作平台，同时还推出了AI虚拟人交互平台，可以为用户提供虚拟数字人的应用服务。图2-2所示是通过讯飞智作平台制作的虚拟主播视频效果。

图2-2　通过讯飞智作平台制作的虚拟主播视频效果

虚拟数字人的产业链中游具有很强的技术壁垒，需要企业具备扎实的研发实力和深厚的技术积累。随着虚拟数字人技术的不断进步和应用场景的不断扩展，中游企业需要不断创新和完善技术能力，以满足用户对虚拟数字人越来越高的要求。同时，也需要加强与上下游企业的合作，共同推动虚拟数字人产业链的健康发展。

2.1.3　应用层：为虚拟数字人提供解决方案

虚拟数字人的产业链下游主要是将数字人技术应用于实际场景，结合各行业，形成可实施的行业应用解决方案，为各行业赋能并提供创新应用。

在虚拟数字人的产业链下游，企业需要为虚拟数字人构建完整的品牌运营方案，并带领它们切入细分商业化赛道。企业需要结合自身的能力和优势，与平台层企业进行合作，完成符合用户需求的虚拟人的构建和运营。这种运营方式需要企业具备创新思维和品牌意识，同时也需要企业关注市场需求和消费者心理。

例如，日本虚拟主播Vox（见图2-3）受邀在B站开启直播首秀，1个多小时营收突破百万元，互动超5万人次，付费人数近4万人，当天登上了实时热门首位。

虚拟数字人的产业链下游以泛娱乐行业为主，包括传媒、影视、游戏等。这些领域对于虚拟数字人的需求和应用较为广泛，同时也具备较为成熟的商业运作模式。除此之

图2-3　日本虚拟主播Vox

外，其他行业（如电商、金融、文旅等）也在积极探索和应用虚拟数字人技术，这种技术的发展潜力巨大。

虚拟数字人的产业链下游具有较大的商业价值和发展潜力，但也面临着诸多挑战和风险。因此，企业需要结合市场需求和自身能力，积极探索和应用虚拟数字人技术，同时也需要关注市场变化和竞争态势，不断进行创新和提升竞争力。

2.2　虚拟数字人的商业价值分析

根据不同的维度，虚拟数字人可以分为不同的产品形态。例如，根据是否有IP加成，虚拟数字人可分为超级个体和大众个体；根据人物是不是虚拟构造的，虚拟数字人可分为虚拟人物和真人分身；根据满足人们的需求类型的不同，虚拟数字人可分为情感导向型和功能导向型。这些维度相互组合，可以形成不同的虚拟数字人产品形态，同时也就产生了不同的商业价值，这也是本节将重点介绍的内容。

2.2.1　虚拟偶像的商业价值分析

虚拟偶像是结合了超级个体、虚拟人物和情感导向型的一种虚拟数字人形态。目前，市场上已经有很多成功的虚拟偶像案例，如"柳叶熙""洛天依""翎Ling"等，以及品牌虚拟代言人，如屈臣氏的"屈晨曦"等，如图2-4所示。这些虚拟偶像以其独特的形象和人设，吸引了大量"粉丝"的关注和喜爱。

虚拟偶像市场的竞争已经处于半"红海"

图2-4　屈臣氏品牌的虚拟代言人"屈晨曦"

状态，虽然技术基本成熟，但成本高、产能低，因此目前主要依靠大量资金和人工运营来打造虚拟偶像。虚拟偶像的核心在于IP运营，需要不断地完善人设、提高精美程度、丰富二创（二次创作）内容等。

通常情况下，设计一个虚拟偶像形象需要花费10万～100万元，并且后续的内容制作和智能驱动研发还需要持续投入人力、物力等，一年所需的成本在200万～500万元，这也限制了虚拟偶像的快速扩张。

虚拟偶像的商业价值已经得到了一定程度的验证，商业化方式包括品牌推广或代言、参演节目、直播打赏、发布音乐专辑、售卖IP周边产品等。总的来说，虚拟偶像的收入渠道包括营销端、形象端、声音端和衍生品方面等。

（1）营销端：虚拟偶像可以通过代言、直播带货等方式获取收入。

（2）形象端：虚拟偶像可以通过商演、直播打赏、影视剧参演等方式获取收入。

（3）声音端：虚拟偶像可以发行歌曲和音乐视频。以"洛天依"为例，截至2023年9月，"洛天依"的微博"粉丝"超540万，其演唱会票价也高达千元。图2-5所示为虚拟偶像歌手"洛天依"。

（4）衍生品方面：企业可以推出与虚拟

图2-5　虚拟偶像歌手"洛天依"

偶像相关的游戏、动画片、电影、电视剧、手办模型等周边产品。

虚拟偶像具有成本过高和技术局限等问题，存在着一定的风险。如果运营不当，就可能导致虚拟偶像的商业价值无法得到充分发挥。因此，企业在打造虚拟偶像时需要充分考虑各种因素，确保其具有可持续发展的潜力。

2.2.2　领域"专家"的商业价值分析

领域"专家"是一种结合了超级个体、虚拟人物和功能导向型的虚拟数字人形态。在目前的市场中，已经出现了一些成功的应用案例，如央视网的"小C"、湖南卫视的"小漾"以及小冰公司的冬奥会虚拟教练"观君"等。这些领域"专家"在各自的行业中具有重要的地位，可以为人们提供专业、高效、便捷的服务。

例如，由招商局金融科技有限公司与小冰公司等共同开发的数字员工"招小影"（见图2-6），已正式宣布在招商局集团入职。未来它将活跃在招商地产、招商物流、招商证券、招商公路、招商蛇口等具体业务场景中，直接为民众服务。

图2-6　数字员工"招小影"

┤ 专家提醒 ├

神经网络渲染是一种使用深度学习技术进行计算机图形渲染的方法，可以对图像或模型的外观进行复杂计算和预测，从而实现高效的图像渲染。

超级自然语音是一种人工智能语音合成技术，通过深度学习技术对人类语音进行模拟和再现，生成与人类语音非常接近的合成语音，从而实现在语音交互、语音播报、语音动画等领域的应用。

领域"专家"的优点是可以24小时工作，能够随时随地为用户提供各种服务。但是，由于前期需要大量的研发和投入，因此成本较高。不过，领域"专家"市场的潜力非常大，目前属于"蓝海"市场。随着互联网产业的快速发展，这个市场正在不断扩大，各种应用也将不断涌现出来。

虽然目前的领域"专家"数字人技术已基本成熟，但由于成本高、产能低，这个市场仍然存在着一定的挑战。此外，领域"专家"的高度专业化也对开发者提出了更高的要求，需要开发者具备丰富的行业知识和经验。

领域"专家"的核心在于其知识的丰富程度和交互的流畅性等。一个优秀的领域"专家"需要具备高度的智能化和专业知识等，以便能够为用户提供精准、可靠的服务。同时，领域"专家"还需要具备良好的交互体验，以便用户可以轻松地与其进行交互。

此外，要充分实现领域"专家"的商业价值，还需要更多的数据和用户支持。目前，领域"专家"的商业价值还处于待验证阶段。虽然已经有一些成功的应用案例，但整个市场的商业化进程还需要进一步的推进和发展。

未来，领域"专家"可以通过广告宣传、付费服务、电子商务等多种方式来实现盈利，但这也需要开发者不断创新和探索。随着技术的不断进步和产业的不断升级，领域"专家"的发展前景非常广阔。

2.2.3 艺人分身的商业价值分析

艺人分身是一种结合了超级个体和真人分身的虚拟数字人形态。当前市场中已经出现了一些成功的应用案例，如《阿丽塔：战斗天使》电影中的虚拟角色"阿丽塔"（见图2-7），以及艺人分身（如"迪丽冷巴"）等。这些分身在娱乐产业中具有重要的地位，可以为人们提供一种与艺人进行互动和接触的新方式。

图2-7 虚拟角色"阿丽塔"

　　艺人分身的市场潜力非常大，虽然目前稍微带点"红海"性质，但随着技术的不断进步和市场的不断扩大，这个市场的发展前景非常广阔。不过，艺人分身的开发和应用同样面临着成本高、产能低的挑战，同时也对肖像权、版权等方面有着高度的依赖，这些都会限制它的发展。

　　在艺人分身的应用中，核心是容貌相似程度、交互流畅性，以及人设与艺人的相似度等。一个成功的艺人分身需要具备高度的智能化以及与艺人相似的外貌特征，以便能够为用户提供一种真实而亲切的互动体验。同时，艺人分身也需要具备良好的交互性，以便用户可以轻松地与其进行互动。

　　目前，艺人分身的商业价值还处于待验证阶段。未来可以通过广告宣传、付费服务、品牌代言等多种方式来实现盈利。总之，艺人分身的出现，无疑给"粉丝"带来了新的互动方式和体验，让人们可以与自己喜欢的艺人进行可互动的亲密接触。

2.2.4　虚拟好友的商业价值分析

　　虚拟好友是一种结合了大众个体、虚拟人物和情感导向型的虚拟数字人形态。在目前的市场中，已经出现了一些成功的应用案例，如小冰公司的"小冰""虚拟男友""虚拟女友"等。这些虚拟好友成为用户可以随时随地与之交互的伙伴，满足了人们对于情感交流和社交互动的需求。

　　例如，小冰公司与广汽传祺合作打造的情感交互数字人"AI小祺"，它有别于普通的车载语音助手，"AI小祺"更像是"有血有肉"的陪伴者，有年龄、性别和性格特征等人设，有很强的对话理解能力和共情能力。在与用户交谈时，它能够展现出丰富、自然的情感，甚至是独一无二的情绪，如图2-8所示。

"Hi，我是小祺"

"我是对世界充满好奇的探险精灵"

"你的出行好伙伴来咯"

"跟着我，一起去探险游玩吧！"

图2-8　车载语音助手"AI小祺"

　　"AI小祺"由人工智能小冰框架实时驱动，具有开放域对话和多模态交互等"超能力"，可以通过与用户的多轮对话，了解不同用户的语言特点，熟悉不同用户的表达习惯，深度理解不同用户的意图，从而提升交互体验。

　　关于虚拟好友，交互的流畅和自然，以及能够提供真正的情绪价值是核心要素。一个成功的虚拟好友需要高度智能化，并且具备情感交流能力，以便能够与用户建立情感联系，为用户提供支持和帮助。

　　虚拟好友的市场潜力巨大，但目前处于发展的初期阶段，商业化模式也尚不清晰，商业价值还处于待挖掘阶段，整个市场的商业化进程还需要进一步推进和发展。未来，虚拟好友可以通过付费服务、电子商务等多种方式来实现盈利。

2.2.5 虚拟主播的商业价值分析

虚拟主播是近年来兴起的一种结合了大众个体、虚拟人物和情感导向型的虚拟数字人形态。虚拟主播是指以虚拟形象出现在屏幕中，通过计算机直播、手机直播等方式与观众互动的主播。

例如，抖音平台上的现象级虚拟主播"金桔2049"（见图2-9），入局一年多，便吸粉近百万，同时直播月流水也达到百万元级别。"金桔2049"在直播时不仅可以通过炫酷的场景（如快速切换新奇、有趣的外形）给用户带来全新的视觉体验，还可以通过连麦真人主播的方式，与对方进行互动和制造笑料，输出有趣的直播内容。

与传统的真人主播相比，虚拟主播具有以下特点。

（1）虚拟性：虚拟主播的形态、外貌、声音等都是通过技术手段合成的，与真人存在差异。

（2）可定制性：虚拟主播的形象、服装、发型等都可以根据客户需求进行定制，从而满足客户的多样化需求。

（3）高效性：虚拟主播不仅可以24小时不间断地在线直播，而且可以同时与多个观众进行互动，能够提高工作效率。

图2-9 抖音平台上现象级虚拟主播"金桔2049"

（4）低成本：与传统的真人主播相比，虚拟主播不需要支付高昂的薪水，也不需要花费大量的时间进行招聘和培训。

虚拟主播的商业价值主要体现在以下几个方面。

（1）广告宣传：虚拟主播可以通过直播平台、社交媒体等渠道进行广告宣传，提高品牌的知名度，增加产品的销售量等。例如，在一些网购平台上，虚拟主播可以为店铺进行代言，提高店铺的流量和销售额。

（2）直播打赏：虚拟主播可以通过直播打赏来获得收入。观众可以通过购买虚拟礼物送给主播，从而获得与虚拟主播互动的机会，以此增强观众的黏性和付费意愿。

（3）订阅收入：虚拟主播可以通过开通个人频道或者会员服务，向观众收取订阅费用。同时，虚拟主播也可以通过与品牌合作，推出限量版周边产品或者定制服务，获取更多收益。

虽然虚拟主播的商业价值逐渐得到认可，但还面临着一些挑战，包括但不限于技术成本高、竞争激烈、法律法规限制等。随着年轻一代对娱乐和互动的需求的增加，虚拟主播的市场需求将不断增加。同时，随着技术的进步和社会观念的变化，虚拟主播将逐渐被更多人接受和认可。

此外，虚拟主播可以进行跨界合作，如与电商平台合作推广商品、与教育机构合作进行在线教育等。同时，企业也可以对虚拟主播使用创新的商业模式，如推出限量版周边产品、提供定制服务等，拓展收益来源。

2.2.6　元宇宙分身的商业价值分析

元宇宙是一个虚拟与现实交互、共同演化的世界，人们可以在其中进行社会、经济、文化等活动并创造价值。元宇宙分身是一种虚拟数字人形态，它结合了大众个体和真人分身的概念，为人们提供了一种社交和娱乐新体验。

例如，在百度发布的元宇宙产品"希壤"中，用户可以通过"捏脸"功能自由定制自己的面部特征，创建出独特的数字人形象，如图2-10所示。

再如，在Soul、ZEPETO等虚拟社交产品中，用户同样可以创建自己的虚拟形象，并通过各种动作和表情来展示自己的个性和情感。这些虚拟形象不仅具有极高的仿真度，还具备多种交互方式，让用户能够更自由地进行社交和娱乐活动。

在元宇宙分身行业中，一些公司已经开始了关于商业模式的探索。例如，

图2-10　百度发布的元宇宙产品"希壤"

"希壤"通过提供"虚拟地皮"等收费服务来获得收入，而Soul和ZEPETO则是通过虚拟商品和广告等商业模式来获得收入。这些公司都在努力将数字形象和现实世界的消费行为结合，试图探索出更加有创新性的商业模式。

元宇宙分身行业的发展前景广阔，将与游戏、娱乐、社交等领域进行更加深入的融合，为人们带来更加沉浸式的社交体验。然而，该行业也存在一些挑战和风险，如技术问题、隐私保护、监管问题等。因此，该行业需要不断进行技术研发和创新，加强监管和合作，才能够实现可持续发展。

2.3　虚拟数字人的商业模式分析

在当今的数字化时代，虚拟数字人正逐渐成为一种全新的商业应用模式。随着元宇宙、虚拟现实、人工智能等技术的不断发展，虚拟数字人的商业应用价值也得到了广泛认可。本节将对虚拟数字人的商业模式进行深入分析，旨在探讨其商业应用前景和潜力。

2.3.1　toB 端的商业模式分析

当前虚拟数字人的商业模式以toB（to Business，以企业或组织为主要目标客户）端和toC（to Consumer，以个人用户为主要目标客户）端为核心，为企业和个人用户提供多样化的服务，显示出广阔的发展前景。

在toB端方面，虚拟数字人的商业化前景尤为明显。目前虚拟数字人已经广泛应用于直播、社交、视频等领域，成为品牌营销的"新宠"。

例如，在直播领域中，虚拟主播可以为平台带来更多的流量，提高品牌的知名度和曝光率；在社交领域中，虚拟数字人可以成为用户的社交分身，与真实用户进行互动，增强社交乐趣；在视频领域中，虚拟数字人可以成为视频制作的重要元素，提高视频的观赏性和趣味性。此外，虚拟数字人还可以应用于教育、金融、医疗等领域，为企业提供更高效、更个性化的服务。

在这些应用场景中，虚拟数字人的优点得以充分展现。虚拟数字人能够通过外貌、声音、动作等与用户建立联系，提高用户体验和用户黏性。同时，虚拟数字人还可以根据用户需求进行定制化开发，满足不同的需求。此外，虚拟数字人还可以通过与现实世界的场景和事物进行结合，创造出更加丰富多彩的应用场景，为企业带来更多的商业机会和价值。

例如，一知智能的商业模式主要是通过为企业客户提供AI技术和智能服务来获取利润。这种模式可以帮助客户更好地实现数字化转型，提高客户的竞争力和效率。同时，一知智能也可以通过提供个性化服务来吸引更多的客户，从而扩大客户规模和市场份额。

一知智能推出的芽势虚拟数字人产品（见图2-11）是一种虚拟人物形象，可以应用于短视频、直播等营销场景中，为企业提供个性化的服务，并且已经服务超过400个头部品牌。这种虚拟数字人产品和服务模式可以帮助企业更好地了解用户需求和行为，提高用户满意度和忠诚度，从而实现商业价值和社会价值的双赢。

图2-11 芽势虚拟数字人产品

虚拟数字人与合适场景的结合是一种非常有价值的新营销方式。企业可以通过购买虚拟数字人软件和硬件来打造自己的虚拟形象，实现不同的营销目标。同时，企业还可以根据自身需求定制化开发虚拟数字人应用场景，以更加贴近用户需求的方式提高营销效果。此外，随着虚拟数字人技术的不断更新和迭代，还可以实现更多的场景应用和商业价值。

2.3.2 toC 端的商业模式分析

在toC端方面，虚拟数字人的商业模式以订阅付费为主，其目标人群是以"Z世代"为主的年轻人。

由于"Z世代"的人群是在网络时代长大的，他们对于有趣的虚拟偶像表现出极热情的追捧，并愿意在虚拟环境中购买游戏皮肤、进行直播打赏等。

因此，围绕虚拟主播、虚拟偶像的商业行为备受关注，资本也毫不掩饰对虚拟数字人的追捧。众多公司都在纷纷布局虚拟数字人业务，希望能够在这个市场中掘金。例如，腾讯、阿里巴巴、字节跳动、网易等公司凭借自身的技术优势和对新兴行业的洞察，都在加大对虚拟数字人业务的投入。

其中，腾讯推出的腾讯智影就是采用按月或按年订阅会员的付费方式，如图2-12所示。这种商业模式不仅为腾讯带来了稳定的收入来源，而且为用户提供了更加便捷和高效的服务。

图2-12　腾讯智影订阅会员的付费方式

通过按月或按年的付费方式，用户可以享受到更加个性化的虚拟数字人定制服务，并可以在不同场景下进行应用。同时，这种方式还可以满足用户对于数字形象的不同需求，提高了用户的使用频率和黏性，从而促进了腾讯智影的快速发展。

随着技术的不断进步、成本的不断降低，以及市场需求的逐步扩大，虚拟数字人的应用领域有望从toB端拓展到toC端。同时，随着订阅付费方式的广泛应用，虚拟数字人的商业模式也将得到进一步的优化和创新，为用户带来更多的选择和便利。

2.3.3　虚拟数字人的商业化落地

在商业化落地方面，虚拟数字人已经展现出了广泛的应用前景。

首先，与娱乐、品牌等IP合作，可以帮助虚拟数字人获得更多的流量和关注度，同时也可以带来更多的商业机会。例如，在品牌IP方面，可以通过虚拟数字人的形象来宣传品牌形象和文化，同时也可以将虚拟数字人的形象作为品牌代言人等。这种合作模式也是既可以toB，也可以toC。

其次，除了与IP合作，虚拟数字人还可以与产业合作，打造行业专家。这种合作模式以toB为主。虚拟数字人可以成为行业专家，为企业提供定制化的服务，如风险评估、投资咨询等。

最后，走情感陪伴型路线也是一种可行的商业模式，重点在于通过虚拟数字人的陪伴来缓解人们的孤独感和压力等情感问题。虽然这种商业模式目前还不是很成熟，但随着社会的不断发展和人们对情感需求的不断增加，这种模式会逐渐成熟并发挥越来越重要的作用，无论是toB还是toC，都有可能实现商业价值。

本章小结

本章主要向读者介绍了关于虚拟数字人的行业分析，包括产业链分析、商业价值分析以及商业模式分析，可以帮助读者了解如何用虚拟数字人创造更多的商业价值。通过对本章的学习，读者能够更好地认识虚拟数字人的行业本质，并了解如何评估虚拟数字人的价值和潜力。

课后习题

鉴于本章知识的重要性，为了帮助读者更好地掌握所学知识，本节将通过课后习题，帮助读者进行简单的知识回顾。

1. 虚拟数字人的商业价值主要体现在哪些方面？
2. 虚拟数字人的商业化落地有哪些实现方法？

CHAPTER

03

第3章

创建工具：快速生成
你的专属虚拟数字人

本章导读

　　在人工智能技术的快速发展下，虚拟数字人应运而生，并逐渐成为人们关注的热点。为了满足市场需求，涌现出许多相关的虚拟数字人工具和平台，旨在帮助用户轻松创建各种虚拟形象。本章将介绍用户常用的虚拟数字人的生成工具和创作平台，帮助大家了解这些工具和平台的特点、优势，并助力大家找到适合自己的虚拟数字人解决方案。

3.1　虚拟数字人的生成工具

　　在数字世界中，一个个精彩绝伦的虚拟数字人诞生了。这些虚拟数字人有着活泼、逼真的神态，丰富、流畅的言语，仿佛真实存在一般。究其背后，是什么样神奇的生成工具赋予了它们智能呢？

　　本节将为大家揭开这层神秘的面纱，深入探索当前虚拟数字人生成工具的主流功能，并分析不同工具的特点。

3.1.1　腾讯智影

　　腾讯智影是腾讯推出的一款基于AI技术的虚拟数字人生成工具，它通过AI文本、语音和图像生成技术，可以快速创建逼真的2D、3D虚拟数字人。用户只需要提供少量信息，腾讯智影就可以自动生成数字人的外观、动作和语音。

　　腾讯智影不仅有数字人播报、文本配音、AI绘画等强大的AI功能，还提供了很多智能小工具，包括视频剪辑、形象与音色定制、智能抹除、文章转视频、字幕识别、数字人直播、智能横转竖、视频解说、视频审阅、智能变声等，如图3-1所示。

图3-1　腾讯智影的主要功能

其中，腾讯智影的形象与音色定制功能不仅可以帮助用户定制数字分身、复刻声音，还可以将用户上传的照片制作成数字人。用户可以通过Stable Diffusion等AI绘画工具创建数字人形象，然后通过腾讯智影来定制专属的数字人播报视频，如图3-2所示。

图3-2　腾讯智影的形象与音色定制功能

腾讯智影具有操作简单、效率高等优点，它提供了大量模板和素材样式，使普通用户也可以轻松创建虚拟数字人。同时，腾讯智影生成的数字人模型细节丰富，口型和语音的同步都达到了优质水平。

腾讯智影依托腾讯在AI和语音合成等方面的技术积累，生成的数字人效果很优秀。它可以大幅降低虚拟数字人的制作成本和制作时间，在教育、游戏、虚拟主播等领域有广阔的应用前景。

此外，腾讯智影还支持智能语音识别技术，可以将音频转换成文字，方便用户进行数字人视频的字幕制作。同时，用户也可以借助腾讯智影的云端资源进行高效的并行处理，这大大缩短了对数字人视频的处理时间。

3.1.2　剪映

剪映是一款集视频剪辑和虚拟数字人技术于一体的短视频应用，用户可以通过剪映快速生成口型同步的虚拟角色。剪映的数字人生成功能简单易用，并且提供了大量数字人角色和场景模板，用户可以进行个性化定制。同时，剪映强大的AI算法可以自动驱动角色语音及表情运动。

剪映的数字人生成功能的优势在于它降低了普通用户生成虚拟人物的门槛。用户只需要用AI生成文本内容，就可以驱动数字人打造出真实的视频效果，如图3-3所示。

目前，剪映的数字人功能主要应用于短视频剪辑领域，暂时无法应用于直播领域，且功能还在不断地完善和更新。另外，剪映的数字人虽口型与文案匹配度较高，但动作与语义的对应能力较弱。

总体来说，剪映为普通用户提供了简单、好用的数字人生成工具，满足基本的视频创作需求，但生成效果和可定制程度还有很大的优化空间。随着技术的不断进步和剪映的不断优化更新，相信这些问题会逐步得到解决。

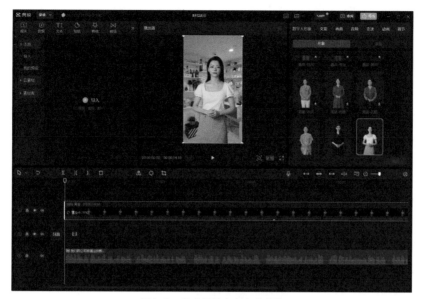

图3-3 剪映的数字人生成功能

3.1.3 来画

来画是一个用于创作动画和数字人的智能工具，可以快速生成超写实的数字人。来画结合数字人直播、IP数字化系统、口播视频、在线动画设计、文字绘画等产品，依托正版素材库，可以轻松实现一站式创作创意内容，帮助创作者将灵感变为现实。

来画的数字人产品包括数字人直播、数字人定制和数字人口播三大功能。数字人的生成过程简单高效，无须专业技能就可以操作，可为企业及个人提供数字形象创作服务，目前已应用于直播、电商等领域。图3-4所示为来画的数字人直播功能演示。

图3-4 来画的数字人直播功能演示

来画的数字人生成功能，界面直观、操作简单，非常适合初学者。用户只需输入文字、图片、语音等信息，就可以快速生成与自己需求相匹配的数字人形象。来画的数字人生成功能的具体优势如下。

（1）海量模板素材：提供了100万+免费素材、丰富多样的数字人、海量背景模板，能够轻松适配多种应用场景。

（2）3种口播创作模式：支持3种数字人口播创作模式，创作者可自由选择全身、半身、小视窗等多种展示布局。

（3）简单易用、学习成本低：网页应用程序简单易用，支持多端操作和实时在线编辑视频，初学者可快速上手。

3.1.4 KreadoAI

KreadoAI是一款基于人工智能技术打造的数字人生成工具，主要功能包括AI视频创作、数字人克隆（如形象克隆、语音克隆）和AI工具（如AI文本配音、AI生成营销文案、AI智能抠图）。通过深度学习技术和大规模数据处理，KreadoAI可以在短时间内高效生成各种数字人形象。

运用KreadoAI的数字人生成功能，可生成形象质量较高的数字人，数字人的面部表情、肢体动作、语音语调等都与真实人物高度相似，如图3-5所示。

图3-5 KreadoAI的数字人生成功能

使用KreadoAI的数字人形象克隆功能时，用户只需提交5分钟的视频录制画面，即可一比一还原真人神态。通过数字人口播技术、语音克隆技术的无缝串联，KreadoAI制作的虚拟数字人分身可替代真人出镜，适用于企业宣传、教育培训、口播视频等各大应用场景。

3.1.5 D-Human

D-Human是一款比较实用的数字人视频制作工具，可完美定制数字人形象，高度还原克隆声音，可用于生成可商用的数字人播报视频、数字人直播间等。

D-Human生成的数字人不仅形象逼真、动作自然，而且支持SaaS平台使用、API（Application Programming Interface，应用程序编程接口）接入、OEM（Original Equipment Manufacture，原始

设备制造商）定制等服务。

除此之外，D-Human还能克隆目标人物的声音，让数字人效果无限接近真人。同时，D-Human还提供了覆盖全行业的原创视频模板，用户无须调整布局、苦思文案和台词，直接套用模板，即可轻松制作爆款数字人视频，如图3-6所示。

图3-6　D-Human的原创数字人视频模板

3.2　虚拟数字人的创作平台

随着人工智能技术的不断发展，各种虚拟数字人创作平台层出不穷，其功能和特色因平台而异。一般来说，平台会提供多种虚拟数字人造型和表情，允许用户自由搭配与调整。同时，平台还会提供一定的编辑工具，方便用户对虚拟数字人进行细节上的修饰。本节将探讨一些热门的虚拟数字人创作平台及其特点。

3.2.1　百度智能云曦灵·智能数字人平台

百度智能云曦灵·智能数字人平台致力于打造智能的服务型或演艺型的数字人，面向金融、媒体、运营商、MCN（Multi-Channel Network，多频道网络产品形态）、互动娱乐等行业，致力于提供全新的客户体验和服务。该平台可进一步降低数字人的应用门槛，实现人机可视化语音交互服务和内容生产服务，有效提升用户体验、降低人力成本，并提升服务质量和效率。

百度智能云曦灵·智能数字人平台依托百度强大的AI技术能力，提供2D/3D数字人形象生产线，并基于三大平台分别打造人设管理、业务编排与技能配置、内容创作与IP孵化等业务，能够面向不同的应用场景提供对应的数字人解决方案。其产品架构如图3-7所示。

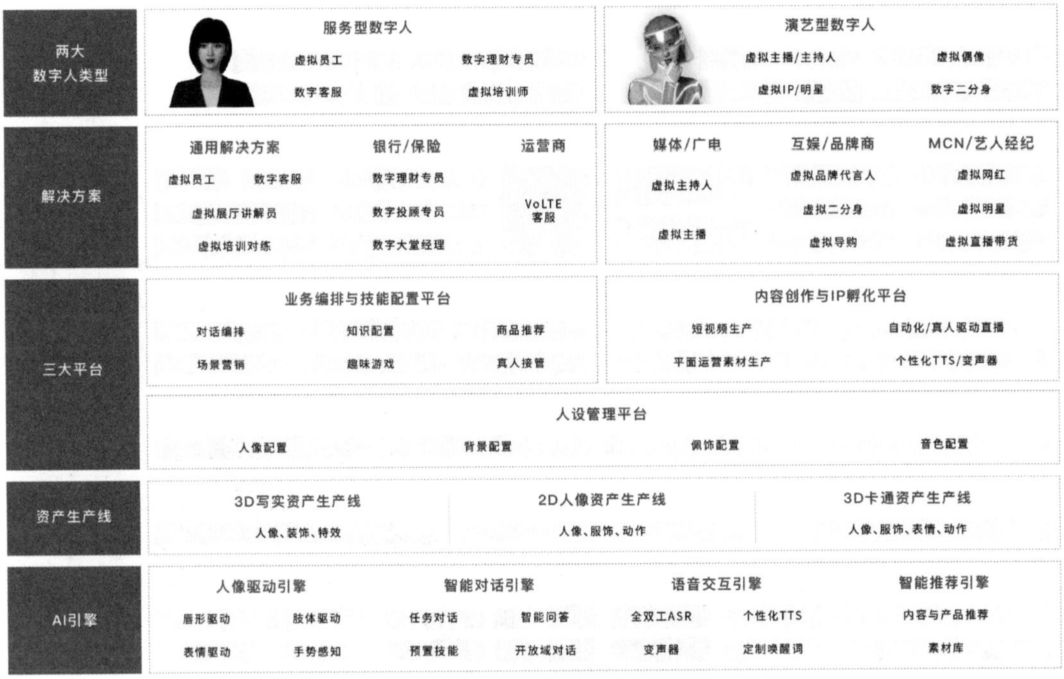

两大 数字人类型	服务型数字人		演艺型数字人	
	虚拟员工	数字理财专员	虚拟主播/主持人	虚拟偶像
	数字客服	虚拟培训师	虚拟IP/明星	数字二分身

解决方案	通用解决方案	银行/保险	运营商	媒体/广电	互娱/品牌商	MCN/艺人经纪
	虚拟员工　数字客服	数字理财专员		虚拟主持人	虚拟品牌代言人	虚拟网红
	虚拟展厅讲解员	数字投顾专员	VoLTE 客服		虚拟二分身	虚拟明星
	虚拟培训对练	数字大堂经理		虚拟主播	虚拟导购	虚拟直播带货

三大平台	业务编排与技能配置平台			内容创作与IP孵化平台		
	对话编排	知识配置	商品推荐	短视频生产		自动化/真人驱动直播
	场景营销	趣味游戏	真人接管	平面运营素材生产		个性化TTS/变声器
	人设管理平台					
	人像配置	背景配置		佩饰配置		音色配置

资产生产线	3D写实资产生产线	2D人像资产生产线	3D卡通资产生产线
	人像、装饰、特效	人像、服饰、动作	人像、服饰、表情、动作

AI引擎	人像驱动引擎	智能对话引擎	语音交互引擎	智能推荐引擎
	唇形驱动　肢体驱动	任务对话　智能问答	全双工ASR　个性化TTS	内容与产品推荐
	表情驱动　手势感知	预置技能　开放域对话	变声器　定制唤醒词	素材库

图3-7　百度智能云曦灵·智能数字人平台的产品架构

┤ 专家提醒 ├

VoLTE客服是指使用VoLTE技术的客户服务。VoLTE即Voice over LTE，是一种IP（Internet Protocol，网际协议）数据传输技术，可以提供更清晰、质量更高的语音和视频通话服务。

TTS（Text-to-Speech，文本转语音）是一种将文本转化为语音的技术，通常用于将文本消息、电子邮件、网页或其他文本信息转化为可以听的语音格式，以便有视觉障碍的人或没有时间阅读的人能够更好地理解和消化这些信息。

ASR（Automatic Speech Recognition，自动语音识别）是一种将人类语音转化为文字或指令的技术，通常用于语音输入、语音搜索、语音控制等领域。

其中，百度智能云曦灵·智能数字人平台的资产生产线可以低成本快速定制2D人像、3D卡通、3D写实等数字人形象，结合AI和计算机图形学技术，具有超写实、高精度等特点，生成的数字人音唇精准同步，表情丰富逼真。

此外，人设管理平台还可以对虚拟数字人进行多维度"捏脸"，更换发型、服饰与妆容。同时，用户也可以利用先进的TTS技术定制声音，打造专属数字人形象资产。

3.2.2　魔珐科技 AI 虚拟人能力平台

魔珐科技（Metaverse）是一个致力于为三维虚拟内容制作提供智能化、工业化的基础设施，为虚拟世界提供"造人、育人、用人"的全栈式技术和产品服务，打造虚拟世界基础设施的平台。

其中，AI虚拟人能力平台是以魔珐科技自主研发的虚拟内容协同制作的工业化平台为基础，通过魔珐科技自研的AI虚拟人核心技术，包括TTSA（Text to Speech & Animation，文本驱动语音及动画）技术、STA（Speech to Animation，语音驱动动画）技术、ETTS（Emotional Text to Speech，有感情的语音合成）技术、智能动作与表情合成技术等，结合魔珐科技自研或第三方智能对话系统及引擎，赋能开发者和运营人员在平台上创建多模态交互的AI虚拟人，并将其应用到不同的业务场景中。

基于智能化、工业化的流程和强大的美术团队，魔珐科技可实现各类虚拟人全流程高效、高质量的制作，包括超写实角色、三维美型角色、2.5次元角色、二次元角色、卡通角色等，其"造人"流程如图3-8所示。

AI虚拟人能力平台提供了一站式构建AI虚拟人产品的能力。对于一般用户而言，该平台可以提供零代码构建AI虚拟人产品的方式，即用户无须编程开发就可创建AI虚拟人产品，直接应用在不同场景中；对于开发者而言，该平台提供了多种AI虚拟人开发工具，开发者可将AI虚拟人灵活集成到自己的产品中。

图3-8　魔珐科技的"造人"流程

3.2.3　华为云 MetaStudio 数字内容生产线

在数字化浪潮的推动下，华为云MetaStudio数字内容生产线以其独特的创新力和技术优势，正在引领数字人技术迈向新纪元。作为华为云的重要创新成果，MetaStudio不仅为用户提供了数字人视频制作、视频直播、智能交互、企业代言等多种服务，而且在数字人技术方面实现了多项突破，为用户带来了前所未有的体验。

对于那些渴望体验数字人带来生产力跃迁的企业和个人来说，MetaStudio无疑是一个理想的选择。通过录制一段简单的真人说话的视频，用户即可利用MetaStudio复制这个人的说话习惯，实现真人形象1:1复刻，相关示例如图3-9所示。更令人惊喜的是，MetaStudio支持20多种语言，能够训练出媲美真人的分身数字人，让用户在多语言环境下也能轻松应对。

图3-9　华为云MetaStudio数字内容生产线中的数字人
主播示例

在数字人技术方面，华为云MetaStudio展现出了卓越的性能，其口型匹配度高达95%以上，能够准确还原真实人物的口型动作，让数字人的表达更加自然流畅。同时，MetaStudio还支持文字、语音、视频等多种方式驱动数字人，用户可以根据自己的需求灵活选择。此外，华为云还通过AI技术实现了对数字人眼神的智能矫正，使其更加自然，能够与用户进行持续的眼神交流。

在动作编排方面，MetaStudio同样表现出色。它支持人物走动、侧身、持物等多种动作的训练，并通过AI重打光技术，可以使数字人与背景融合得更加真实自然。这种智能编排的动作不仅丰富了数字人的表现形式，也让用户在观看时能够有真实、生动的体验。

除了技术上的优势，MetaStudio还广泛应用于多个领域，满足了各类直播业务的需求。无论是电商直播、文旅直播还是教培直播等场景，数字人直播都能发挥出其独特的优势。通过数字人直播间，观众可以随时随地进行咨询和下单，实现了24小时不间断的直播服务，这种直播方式不仅提升了用户体验，也为企业带来了更多的商业机会。

3.2.4　相芯科技虚拟数字人平台 AvatarX

相芯科技的虚拟数字人平台AvatarX，依托独创的"虚拟数字人引擎"，为各行各业提供虚拟形象生成、定制、驱动等服务，能够帮助企业客户打造面向未来的、更具差异化的虚拟人应用产品和数字资产，以及赋能企业布局元宇宙生态。图3-10所示为AvatarX的功能亮点。

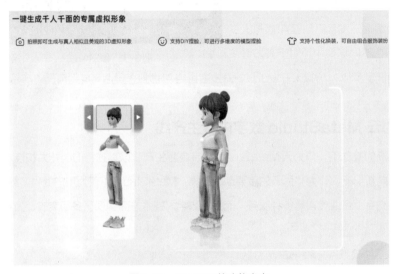

图3-10　AvatarX的功能亮点

AvatarX提供了多种虚拟数字人的驱动模式，为用户带来了丰富且有趣味的玩法。在AvatarX平台上，一个SDK（Software Development Kit，软件开发工具包）支持多种驱动模式，可制作酷炫头像、趣味表情包、短视频等内容。具体的驱动模式如下。

（1）面部驱动：通过实时人脸跟踪技术，实现真人和虚拟形象的表情同步。

（2）身体驱动：通过普通摄像头输入，即可实时驱动虚拟形象做出同步动作。

（3）手势识别：通过手势识别，可以驱动虚拟形象完成相关动作。

（4）语音驱动：只需输入文本或音频，即可实时驱动虚拟形象的脸部和口型。

3.2.5　科大讯飞 AI 虚拟人交互平台

科大讯飞AI虚拟人交互平台提供了虚拟人形象构建、AI驱动、API接入、多场景解决方案，实现了一站式虚拟人应用服务。它还联合产业合作伙伴，共建虚拟人生态，以满足不同场景的应用需求，并在多模感知、多维表达、情感贯穿、自主定义等技术上持续提升，力求让虚拟人成为人类的伙伴。

例如，由科大讯飞自主研发的AI虚拟人多模态交互服务解决方案，主要面向金融、公共交通、政务、运营商、旅游、新零售等行业。它通过语音识别、语音合成、自然语言理解、图像处理、口唇驱动以及虚拟人合成等AI核心技术，为特定行业的客户提供互动交流、业务办理、问题咨询、服务导览等功能，从而实现虚拟人与真人的"面对面"实时交互。

图3-11所示为AI虚拟人多模态交互服务解决方案中的虚拟人定制流程。该方案生成的虚拟人不仅具有形象逼真、口唇精准、交互画面流畅、语音自然清晰、亲和感强等特点，而且可以实现真人式对话体验，问后即答，同时还可以根据文本内容插入指向性动作，提升形象交互的丰富度和灵活性。

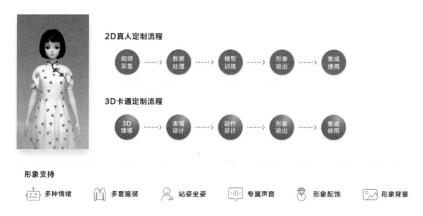

图3-11 AI虚拟人多模态交互服务解决方案中的虚拟人定制流程

另外，科大讯飞还推出了AI虚拟人直播工具，能够面向电商直播、虚拟偶像直播等应用场景提供7×24小时不间断的虚拟人直播服务。通过真人驱动和智能化驱动结合的方式，可以让主播和观众进行实时互动，助力直播间人气和用户转化率的提升，抢占闲时流量，提升直播间浮现权。

3.2.6 追一科技 Face 虚拟数字人平台

由追一科技推出的Face虚拟数字人平台，提供了全场景（如交互型、播报型）和全技术（如仿真、3D）的数字人生成功能，能够帮助用户实现从人机交互到人"人"交互的转变。Face虚拟数字人平台通过将计算机视觉、语音识别、自然语言处理等AI技术深度融合，充分模拟人与人之间真实可感的对话交互方式，以达到"听得懂，看得见，说得出"的效果。

依托追一科技多年来对多模态算法的钻研与沉淀，Face虚拟数字人平台目前已经能实现准确的实时推理，可以确保数字人的嘴唇和声音很好地契合，表情动作自然流畅，形象栩栩如生，具有无限接近真人的表现力，如图3-12所示。

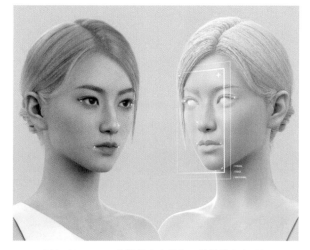

图3-12 Face虚拟数字人平台开发的数字人形象

本章小结

本章主要向读者介绍了虚拟数字人的生成工具和创作平台，具体包括腾讯智影、剪映、来画、KreadoAI、D-Human、百度智能云曦灵·智能数字人平台、魔珐科技AI虚拟人能力平台、华为云MetaStudio数字内容生产线、相芯科技虚拟数字人平台AvatarX、科大讯飞AI虚拟人交互平台、追一科技Face虚拟数字人平台。通过对本章的学习，读者能够更好地了解和选择虚拟数字人的生成工具和创作平台。

课后习题

鉴于本章知识的重要性，为了帮助读者更好地掌握所学知识，本节将通过课后习题，帮助读者进行简单的知识回顾。

1. 腾讯智影的主要功能有哪些？
2. 魔珐科技的AI虚拟人能力平台有哪些核心技术？

CHAPTER

04

第4章

生成文案：用ChatGPT
生成高质量口播内容

本 章 导 读

大部分虚拟数字人生成工具都支持文本和语音驱动，但某些工具并没有提供AI文本生成功能，此时我们就可以用ChatGPT来生成驱动数字人时需要的文案内容。ChatGPT作为一种强大的人工智能语言模型，已经逐渐渗透到各个领域，为人们提供了诸多解决方案。本章将着重探讨ChatGPT在虚拟数字人领域的应用，以帮助大家生成高质量的数字人口播内容。

4.1 掌握ChatGPT的提示词使用技巧

对于新手来说，在生成虚拟数字人时，写文案是一大难点。很多人不知道该写什么，导致踌躇不前。其实，写数字人文案最简单的工具之一就是ChatGPT，它是一种基于人工智能技术的聊天机器人，使用了自然语言处理和深度学习等技术，可以进行自然语言对话，回答用户提出的各种问题，写数字人文案也不在话下。本节将主要介绍ChatGPT的提示词使用技巧，以帮助大家掌握生成数字人文案的基本方法。

4.1.1 在提示词中指定具体的数字

在使用ChatGPT进行提问前，要注意提示词的运用技巧。提问时可以在问题中指定具体的数字，并且描述要精准，这样能够得到更满意的答案。例如，提示词为"新趋势下，如何突破职场瓶颈？请提供5种方法"，其中"5种"就是具体的数字，"突破职场瓶颈"就是精准的内容描述，ChatGPT的回答如下。（需要注意的是，即使是完全相同的提示词，ChatGPT每次生成的内容也不一样。）

问 新趋势下，如何突破职场瓶颈？请提供5种方法。

🅖 在新趋势下，要突破职场瓶颈，您可以尝试以下5种方法。

1. 持续学习和技能提升：
不断学习和提升自己的技能，以适应不断变化的市场需求。参加培训课程、研讨会、在线学习平台，或者追求更高的学位，可以增多您的知识和技能，从而令您在职场上更有竞争力。

2. 寻找导师或职业指导者：
找到一位有经验、成功的导师或职业指导者，可以帮助您制定职业规划和发展战略。他们可以提供宝贵的建议、反馈和指导，帮助您在职场上更快地前进。

3. 构建强大的人际关系网络：
在职场中建立和维护广泛的人际关系网络对于职业发展至关重要。参加行业活动、社交活动和专业组织，与同行、领导和潜在合作伙伴建立联系，有助于获取新的机会和资源。

4. 接受挑战和多元化任务：
不要害怕接受挑战或承担多元化的任务。主动寻找新的项目、职责或领域，不仅可以增加您的经验，还能够显示出您的多面性和适应性，有助于职业发展得更好。

5. 提升沟通和领导能力：

良好的沟通和领导能力对于职场成功至关重要。不仅要学会有效沟通，还要能够带领和激励团队。可以通过参加培训、读书、参加演讲课程等方式不断提高这些技能。

总之，职场瓶颈的突破需要不断努力和提升自我。通过持续学习、寻找指导、建立人际关系网络、接受挑战和提升领导能力，您可以更好地适应职场的新趋势，并取得更多的成功。

通过上述ChatGPT的回答，我们可以看出，ChatGPT的回复结果还是比较符合要求的。它不仅提供了5种方法，而且每种方法都不同，可以让用户有更多的选择。这就是在提示词中指定具体数字的好处，数字越具体，ChatGPT回答得越精准。

4.1.2　向 ChatGPT 提问的正确方法

在要求ChatGPT生成相关的数字人视频文案时，用户需要掌握正确的提问方法，如图4-1所示。这样可以更快、更准确地获取自己需要的信息。

提问要详细	向ChatGPT提问时，尽量详细地描述问题，过于简短或模糊的问题会导致ChatGPT难以理解，从而无法给出准确的答案
避免含糊用语	ChatGPT更倾向于使用清晰、明确和具体的语言，而不是模糊、抽象和含糊的关键词
考虑上下文衔接	ChatGPT的回答通常是基于上下文和前提条件的，比如用户想了解某个景点的天气情况，最好先指定景点的名称
避免主观性问题	ChatGPT是基于大量数据训练出来的，它没有情感或主观判断能力，应避免向ChatGPT提过于主观或带有偏见的问题
使用具体关键词	向ChatGPT提问时，使用具体的关键词可以帮助ChatGPT更好地理解你的意图
避免复杂的问题结构	复杂的问题结构会导致ChatGPT无法理解你的问题，最好使用简短的句子和适当的标点符号来分隔问题

图4-1　向ChatGPT提问的正确方法

4.1.3　提升 ChatGPT 的内容逻辑性

ChatGPT具有高度的语言理解能力和内容输出能力，如果希望ChatGPT输出的数字人口播内容更具有逻辑性，那么可以在提问时加上这个提示词："Let's think step by step"（让我们一步一步来思考）。

例如，先在ChatGPT中输入"如何与孩子沟通？"，ChatGPT即可根据该问题简单罗列相关的内容，但内容不够完整，如下所示。

> 问　如何与孩子沟通？

与孩子沟通的关键是倾听和尊重。要创建一个开放的对话环境，鼓励他们分享感受和想法。主动询问他们的日常经历，避免批评和指责，要采用建设性的方式解决问题。分配时间与他们互动，做一些共同的活动，如玩游戏或阅读故事。使用简单易懂的语言，方便他们理解。重要的是，给予他们支持和安全感，使他们知道您在他们身边。建立亲密的关系需要耐心和关注，这对孩子的成长和发展至关重要。

接下来，我们使用提示词"如何与孩子沟通Let's think step by step？"再问一次，ChatGPT给出的结果就很不一样了，如下所示。

问 如何与孩子沟通Let's think step by step？

当与孩子沟通时，以下是一些逐步的方法，可以帮助你进行更有效的沟通。

1. 创造适当的环境： 选择一个安静、无干扰的地方，以便你和孩子可以集中注意力。关掉电视、手机或其他分散注意力的媒体。

2. 建立眼神联系： 与孩子建立眼神联系，表明你在倾听他们所说的话。这有助于传达你的兴趣和重视。

3. 用开放性问题： 提出开放性问题，以展开对话。例如，不要问"你今天过得好吗？"，而是问"今天在学校发生了什么有趣的事情？"

4. 倾听和肯定： 倾听孩子的回答，不要打断或批评。肯定他们的感受和想法，让他们感到被尊重。

5. 清晰表达自己的观点： 在分享自己的观点和感受时，使用清晰、简单的语言，避免使用难以理解的术语或复杂的句子。

6. 提供反馈和建议： 如果孩子有问题或需要你的建议，要提供积极的反馈和建议，以鼓励和支持的方式表达。

7. 尊重隐私： 如果孩子不愿意谈论某些事情，那么要尊重他们的隐私。孩子需要知道他们可以信任你。

8. 定期沟通： 与孩子建立定期的沟通习惯，以便孩子习惯定期分享他们的生活和感受。

9. 用身体语言表达关怀： 使用亲切的身体语言，如拥抱、握手或拍拍他们的肩膀，表达你的关怀和支持。

10. 耐心和理解： 孩子可能需要时间来表达他们的感受，请保持耐心，不要强迫他们谈论，而是等待他们准备好时再分享。

这些沟通技巧可以帮助你与孩子建立更强大的关系，使他们感到安全、被尊重和被理解。

很明显，加上提示词"Let's think step by step"后，ChatGPT给出的答案更有逻辑性，主次更加分明。这种内容可以让你的数字人口播内容显得更加专业。

4.1.4 以提问的形式写提示词

用户可以采用提问的形式提出自己希望ChatGPT回答或讨论的问题，如"什么是机器学习及其应用领域"，这种内容尤其适合应用于知识口碑型的数字人视频中。注意，问题要具体明确，不要太宽泛，避免像"告诉我关于机器学习的全部知识是什么"这样过于开放性的问题。

另外，用户可以使用"如何""为什么""什么"等提问词来构建Prompt（提示词），下面通过具体的案例进行说明。

1 在ChatGPT的对话窗口中输入相应的提示词，其中可以使用"怎么"这个提问词来引导ChatGPT进行解释或探讨，如图4-2所示。

图4-2　输入相应的提示词

2 按【Enter】键确认，即可通过提问的形式与ChatGPT进行更流畅、高效的交互，并得到优质的回答，具体内容如下。

> 晚霞是在日落时分形成的自然景观，它的出现是由于太阳光线在大气中的散射和折射引起的。以下是晚霞形成的过程。
>
> **1. 日落时刻：** 晚霞通常发生在太阳快要落山时。这时太阳位于地平线以下，光线需要通过较厚的大气层进入我们的视线。
>
> **2. 光线的路径：** 在日落时，太阳的光线穿过大气层。由于大气层中存在空气分子、尘埃和水滴等微粒，光线会与这些微粒相互作用。
>
> **3. 光的散射：** 当太阳光线穿过大气层时，短波长的蓝光和绿光会受到更强烈的散射，而长波长的红光和橙光相对较少散射。这导致在晚霞中，我们主要看到的是红色、橙色和粉色的光。
>
> **4. 颜色的强度：** 晚霞的颜色和强度会受到大气中微粒的影响。例如，当大气中存在更多的尘埃或水滴时，晚霞颜色可能会更加明亮和多彩。
>
> **5. 地理因素：** 地理位置也会影响晚霞的外观。在一些地方，如海滨或山区，景观和大气条件可能会增强晚霞的美丽程度。
>
> 总之，晚霞是由太阳光线在大气中的散射和折射引起的，不同波长的光受到不同程度的散射，最终形成了美丽的红色、橙色和粉色的晚霞景观。

以提问的形式写提示词的相关技巧如下。

🖎 将问题分解成多个小问题，每次只提出一个具体的问题，然后根据ChatGPT的回答进行追问，使对话的主题更加明确。

🖎 在问题中提供足够多的背景和上下文信息，让ChatGPT充分理解你的需求。可以先简要描述问题背景，然后提出相关问题。

🖎 对ChatGPT回答中所提供的信息进行进一步提问，使对话内容更加深入。

🖎 使用不同的表述方式进行提问，评估不同问题的回答质量。

🖎 尝试使用一系列相关的问题探索一个主题。

🖎 如果ChatGPT的回答无法满足你的要求，那么你可以重新提问，并修改提问的方式来获得更好的回答。

🖎 提出稍微开放式的问题，避免ChatGPT只能回答yes/no（是/否）的封闭式问题，以便让ChatGPT给出更长更全面的回答。

🖎 遵循由表及里的提问顺序，从基本的问题出发，再深入具体的细节，不要一次性提出很多问题。

4.1.5　假设角色身份并进行提问

用户可以假设一个数字人的角色身份并提出问题，这样可以为ChatGPT提供更明确的情境。下面通过具体的案例进行说明。

1 假设场景是需要ChatGPT生成一些面试问题，通常直接写的提示词可能是"请写一个面试问题列表"。而如果假定数字人是一个互联网公司的面试官，则可以在ChatGPT的对话窗口中输入相应的提示词，如图4-3所示。

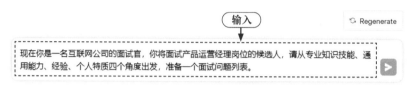

图4-3 输入相应的提示词

2 按【Enter】键确认，通过在提示词中设置具体的面试官角色和回答角度，可以让ChatGPT更好地把握问题回答的要求和标准，从而给出更符合实际需求的结果，具体内容如下。

当我是一名互联网公司的面试官，并面试产品运营经理岗位的候选人时，我会从以下四个角度准备一系列面试问题。

专业知识技能：

1. 请描述一下您对产品运营的理解，以及您认为产品运营在一个互联网公司的重要性。

2. 您如何使用数据分析来评估产品性能和用户行为，以做出改进和决策？

3. 请分享您在市场调研和竞争分析方面的经验，以便确定产品的定位和市场机会。

4. 如何制定产品运营策略，以提高用户留存率和用户满意度？

通用能力：

1. 举例说明您如何在一个跨职能团队中协调工作，确保产品运营目标得以实现。

2. 请描述一次您面对挑战和压力时，如何保持冷静并找到解决方案的经验。

3. 如何有效沟通和协作，以便与产品开发、市场营销和客户支持团队协调工作？

4. 您对自我管理和时间管理有哪些有效的方法？

经验：

1. 请分享您在之前的工作中较为成功的产品运营项目或倡议，以及您的角色和贡献。

2. 您如何追踪并度量产品运营的关键性能指标（KPI），并采取行动以改进它们？

3. 举例说明您如何推动用户使用新产品或新功能，以提高用户参与度。

4. 您有没有在市场上推广一个全新产品或服务的经验？如果有，能分享一下您的策略和结果吗？

个人特质：

1. 您如何保持对行业和市场的敏感性，以便及时调整产品运营策略？

2. 描述一下您的团队领导经验和您激励团队成员的方法。

3. 请分享一次您处理用户投诉或负面反馈的经验，以及您是如何处理的。

4. 您认为产品运营经理最重要的品质是什么？

这些问题将帮助我了解候选人的专业知识、通用能力、经验和个人特质，从而评估他们是否适合产品运营经理职位。同时，也可以帮助候选人充分展示他们的资质和能力。

需要注意的是，角色设置要具体和明确，如老师、医生、客户等，避免过于泛泛的角色设置。同时，背景情境要尽量描述充分，从而帮助ChatGPT更好地理解该角色的视角。另外，角色的请求要用第一人称表达，增加代入感和逼真度。

4.2 用ChatGPT生成数字人视频文案

ChatGPT不仅提高了数字人的内容创作效率，而且拓宽了创作的可能性，同时还为不同领域的数字人提供了定制化的文案，使内容更具专业性和吸引力。

4.2.1 生成企业入职培训文案

在当今数字化快速发展的时代，越来越多的企业开始利用数字技术来优化人力资源管理和进行员工培训。数字人作为一种创新型员工培训工具，正受到越来越多企业的青睐。

通过使用数字人进行入职培训，企业可以提高培训效率和质量，同时降低培训成本和风险。下面介绍使用ChatGPT生成企业入职培训文案的操作方法。

1 在ChatGPT的对话窗口中输入相应的提示词，让ChatGPT扮演职业技能培训师的角色，如图4-4所示。

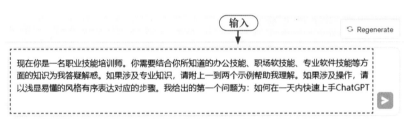

图4-4 输入相应的提示词

2 按【Enter】键确认，通过明确角色和任务，并指明知识领域，可以将抽象的概念具体化，让ChatGPT更容易理解问题，从而使所生成的内容更有实际应用价值，生成的具体内容如下。

> 了解如何在一天内快速上手ChatGPT是一项重要的技能，尤其对于那些需要与人工智能助手进行交互或使用它进行自然语言处理的人来说。以下是一些步骤，可以帮助您在短时间内快速上手ChatGPT。
>
> **1. 了解ChatGPT的背景和用途：**先了解ChatGPT是一种自然语言处理模型，可以用于回答问题、生成文本、提供建议等。明确您想要使用它来解决什么问题或完成什么任务。
>
> **2. 访问OpenAI平台：**打开您的浏览器，前往OpenAI官方网站（请确保您使用了官方或可信任的来源），注册或登录您的账户。
>
> **3. 获取API访问：**如果您计划使用ChatGPT API，那么请按照OpenAI官方网站上的指南获取API密钥。这是与ChatGPT进行通信的关键。
>
> **4. 阅读官方文档：**访问OpenAI的官方文档，其中包括有关ChatGPT的详细信息、用法示例和API文档等。这些文档将指导您如何与ChatGPT进行交互，包括如何构建请求和处理响应。
>
> **5. 尝试在线演示：**OpenAI通常提供在线演示，您可以在其中与ChatGPT进行互动，了解它的基本功能。这是一个很好的起点，可以帮助您快速了解提问和获取答案的方法。
>
> **6. 尝试示例代码：**OpenAI文档通常提供示例代码，您可以按照这些示例来编写简单的程序或脚本，以与ChatGPT进行通信。这将帮助您更深入地了解如何在实际应用中使用ChatGPT。

7. 参与社区： 如果遇到问题或需要更多帮助，您可以参加 OpenAI 社区或论坛，与其他开发人员分享经验并提出问题。这些社区通常非常活跃，您可以获得有用的建议和支持。

8. 实践和反馈： 最重要的是，通过实际使用 ChatGPT 来提高您的技能。不断尝试不同的问题和任务，并根据反馈来改进您的交互技巧。

示例：如果您计划构建一个基于 ChatGPT 的自动问答系统，您可以使用 ChatGPT API 来向它提出问题，并从其响应中提取答案。

这些步骤应该能够帮助您在一天内快速上手 ChatGPT。记住，练习和不断实践对于掌握任何技能都是至关重要的。

4.2.2 生成产品营销文案

产品营销文案是一种书面内容，旨在吸引、引导和激发潜在客户的兴趣，以促使他们采取特定的行动，通常是购买产品、注册账号、订阅服务或者与品牌方互动等。产品营销文案是数字人视频中常见的内容形式之一，使用 ChatGPT 可以快速生成各种产品营销文案，如产品广告片相关的营销文案。具体操作方法如下。

1 在 ChatGPT 的对话窗口中输入相应的提示词，让 ChatGPT 为产品写一个广告片的营销文案，同时要求体现相关的产品特色，如图 4-5 所示。

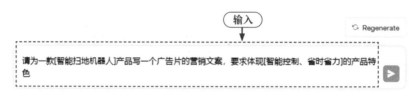

图 4-5　输入相应的提示词

2 按【Enter】键确认，即可生成相应的产品营销文案，并使用加粗文字和符号等方式列出了重点内容，可以轻松套用到数字人广告片中，具体内容如下。

《智能家居，轻松生活》

你是否曾为烦琐的家务而感到疲惫？

你是否渴望更多的自由时间来享受生活？

现在，智能未来已来！

新一代智能扫地机器人，让你告别繁重的清扫工作，迎接轻松的生活。

产品特色：

☀ **智能控制：** 独特的智能导航技术，让扫地机器人成为你的家居管家。它能够智能感知家居环境，规划最佳的清扫路径，彻底清洁每一个角落。

☀ **省时省力：** 不再需要长时间手动扫地，也不用担心清扫被中断。我们的智能扫地机器人会为你持续工作，每天都让你的家保持整洁。

* **智能识别：** 它能够识别地板类型，自动调整吸力，确保高效地清扫，无论是硬地板还是地毯。

* **远程操控：** 通过智能手机应用，你可以随时远程操控机器人，设置清扫计划，即使不在家也能进行家居清洁。

* **安全设计：** 先进的碰撞传感器和防坠落技术，让你无须担心机器人在工作时会损坏家具或跌落楼梯。

* **低噪声：** 安静的工作模式，不会打扰你的生活和休息。

智能扫地机器人，为你节省时间和精力，让你拥有更多时间享受生活中的美好。

别再为清扫而烦恼，现在就加入智能家居革命，体验轻松的生活吧！

你的家，我们的责任。

智能扫地机器人，让生活更美好。

4.2.3 生成直播带货文案

创作数字人直播带货文案时，需要从用户的特点和需求出发，突出产品的卖点和特点，营造紧迫感，增加互动性，并采用多样化的表达方式来吸引用户的注意力。ChatGPT可以轻松生成吸引人的直播带货文案，包括产品介绍、销售文案和互动活动等内容。生成的文案不仅可以提高直播间的转化率，还提供了更多的商品销售和品牌推广机会，具体操作方法如下。

1 在ChatGPT的对话窗口中输入相应的提示词，让ChatGPT扮演带货主播的角色，并指定相关的内容要求和商品信息，如图4-6所示。

图4-6 输入相应的提示词

2 按【Enter】键确认，ChatGPT会根据提示词的要求，生成非常有代入感的直播带货文案，具体内容如下。

大家好，我是今天的带货主播！🎤 今天要给大家介绍的是一款不可错过的好物——【保温杯】！✨

这个保温杯有着太多让人惊叹的亮点！首先，它的大容量让你再也不用为频繁加水而烦恼。无论是上班、上课还是户外运动中，都能轻松满足你的饮水需求。🥤💧

更重要的是，这款保温杯的保温性能真是一流！它能够保持饮品的温度长达数小时，无论你是喜欢热饮还是冷饮都能尽情享用。🔥❄️

它的便携性也是杠杠的！轻巧的设计，可以轻松放入包包或车辆杯架，让你随时随地都能畅饮。而且，不用担心泄漏问题，它的密封性能极佳！🎒🚗

这绝对是你生活中不可或缺的好伙伴！无论是工作日的忙碌，还是周末的户外冒险，都离不开这款保温杯的陪伴。现在就来抢购吧，不要错过这款让生活更便捷、更时尚的好物！🛍️✨

赶紧点击链接下单，让这款【保温杯】成为你生活的一部分，为你的每一天增添温暖和便利！👇👇👇【商品链接】👇👇👇

还等什么呢？赶紧购买吧，享受更美好的生活！感谢大家的收看，我们下次再见！👋📺🎁

4.2.4 生成穿搭技巧文案

当需要数字人根据相关场景推荐合适的服装搭配时，可以让ChatGPT提供一些专业见解，以帮助用户突破思维的局限，具体操作方法如下。

1 在ChatGPT的对话窗口中输入相应的提示词，指明服装的配色风格和受众群体，如图4-7所示。

请推荐三套[黑白色系]适合通勤的[女士]衣着搭配 ← 输入 ▶

图4-7 输入相应的提示词

2 按【Enter】键确认，即可生成相应的穿搭技巧文案，包括上装和下装，同时ChatGPT还给出了配件、配饰、妆容和发型等的搭配建议，具体内容如下。

当然可以！以下是三套适合通勤的女士黑白色系衣着搭配。

搭配1：优雅正式

－上装：一件修身剪裁的白色西装外套，搭配一件黑色修身衬衫。

－下装：一条合身的黑色铅笔裙，略微过膝。

－配件：一条红色丝质围巾，黑色高跟鞋和一款经典的黑色手提包。

－配饰：简单的珠宝首饰，如珍珠项链和耳环。

－妆容：淡妆，自然唇色。

－发型：整齐的发型，可以搭配发带或发夹。

搭配2：休闲职业风

－上装和下装：一件黑色修身针织毛衣，搭配一条白色高腰阔腿裤。

－外套：一件长款黑色羊毛外套，增添一点层次感。

－鞋子：白色皮质低跟鞋或白色运动鞋，取决于你的舒适度。

－包包：一个简洁的黑色斜挎包。

－配饰：一款简单的黑色腰带，黑色太阳镜。

－妆容：自然妆容，重点突出眼睛。

－发型：松散的发型或低马尾。

搭配3：简约风格

－上装：一件宽松的白色丝质衬衫，可以半塞入黑色高腰短裤中。

－下装：一条黑色高腰短裤。

－外套：一件黑色修身款羊毛开衫。

－鞋子：黑色尖头平底鞋或简洁的黑色凉鞋。

－包包：一款小巧的黑色手提包。

－配饰：一串简单的珠宝手链和一对简单的耳环。

－妆容：淡妆，重点突出嘴唇。

　　- 发型：自然的发型，可以使用一些发胶来定型。

　　这些搭配都注重了黑白色系经典和简约的特点，适合于不同的通勤场合。希望这些建议对你有所帮助！

4.2.5　生成新闻传媒文案

　　新闻传媒内容一直是数字人视频的主要阵地，对于启发民众起到重要的作用。ChatGPT的出现，能够为新闻的选题、采编、撰写等环节贡献一份力量，帮助新闻工作者更好地传播资讯。

　　对于新闻传媒类数字人视频的制作，最主要的工作任务是采写及时、有效的新闻资讯，并将资讯传达给受众。而写一篇时效性强、内容全面、观点深刻的新闻稿件并非易事，在ChatGPT的帮助下，可以提高写稿的效率和质量，具体操作方法如下。

　　1 在ChatGPT的对话窗口中输入相应的提示词，让ChatGPT扮演媒体编辑的角色，并指定新闻报道内容的主题和要求，如图4-8所示。

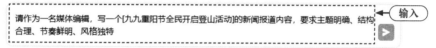

图4-8　输入相应的提示词

　　2 按【Enter】键确认，即可生成相应的新闻传媒文案，同时ChatGPT还列出了标题、正文和结语等内容，能够让读者迅速了解事件的关键点，具体内容如下。

> **标题：全国百万人共贺九九重阳 登山狂欢庆祝节日**
>
> **正文：**
> 在这个金秋时节，中国大地上掀起了一场空前的登山狂欢。九九重阳节，象征着长寿和吉祥的传统节日，已经不再是老年人的专属，而是成了全民欢庆的盛大活动。百万人一起登山，热情如火，蔚为壮观。
>
> **九九重阳 民众踏山趣**
> 从北到南，从东到西，从雪山到丘陵，成千上万的登山者在这一天涌向了山脉和山坡。他们不仅是为了欣赏秋日美景，更是为了传承九九重阳节的文化，为健康生活而努力。
>
> **百万脚步 丰富多彩**
> 每一座山都有其独特的吸引力。在北京，人们纷纷涌向八达岭长城，远离了城市的喧嚣，留下了热情和欢笑。而在南方的桂林，漓江山水美如画，成了一幅美不胜收的画卷。登山者们穿梭在青山绿水之间，尽情感受大自然的恩赐。
>
> **节日盛典 传统与现代融合**
> 九九重阳不仅是登山盛典，还是一场文化盛典。各地活动丰富多彩，融合了传统和现代元素。在山顶上，舞龙舞狮、传统戏曲的表演，弘扬传统文化；在山脚下，现代音乐会、户外电影院等吸引着年轻人。这个节日的庆祝活动已经跨足了各个年龄层次，成了一项全民狂欢的活动。
>
> **文明登山 爱护自然**
> 在这场登山狂欢中，人们增强了环保意识。不少登山者自觉遵守山林法规，保持山区的清洁。有的地方还设立了登山路线，指引游客行走，以减少对自然环境的干扰。爱山护山，已经成为九九重阳登山活动的一部分。

结语：

九九重阳节，不仅是一个传统节日，而且是一个国家共庆的盛大节日。百万人登山，庆祝长寿与吉祥，传承文化，热爱自然，组成了一个和谐美丽的画面。愿这份热情和文化传统能一直继续下去，我们期待着明年更加壮观的九九重阳登山狂欢！

4.2.6　生成教育培训文案

使用数字人制作教育培训视频具有个性化定制、交互性强、实时反馈等优势，可以有效地提高教育培训的质量和效果，同时降低教育成本和风险。通过数字人模型的个性化定制，可以为每个学生提供合适的教育培训内容和方式；通过数字人与学生的交互，可以增强学生的学习积极性和参与度；通过数字人模型的实时反馈和评价，可以帮助学生了解自己的学习情况和不足之处，从而提高学生的学习效果。

当然，制作教育培训类的数字人，首先需要有好的文案，下面介绍使用ChatGPT生成教育培训文案的操作方法。

1 在ChatGPT的对话窗口中输入相应的提示词，在其中提供具体、详细的细节和信息，帮助ChatGPT更好地理解我们的需求，如图4-9所示。

图4-9　输入相应的提示词

2 按【Enter】键确认，即可生成相应的教育培训文案，具体内容如下。（再配合相应的数字人视频演示，可以让教学效果更生动。）

当介绍牛顿第二定律时，为了帮助学生更深入地理解这一概念，您可以使用以下三个实例和见解。

实例1：赛车加速

想象一辆赛车比一辆小轿车更快地加速。这是因为赛车的质量相对较小，引擎提供了更大的力用于加速。这个实例可以帮助学生理解牛顿第二定律的表达式：$F = ma$，其中，F是力，m是质量，a是加速度。

实例2：打棒球

当棒球运动员用球棒击打棒球时，击打棒球的力（F）越大，球飞行的速度就越快。这个例子可以帮助学生理解牛顿第二定律中力和加速度之间的关系。当运动员增加击打力量时，球的加速度也会增加，使球飞得更远。

实例3：玩具车的不同质量

两辆玩具汽车，一辆轻，一辆重，从同一坡道上滑下。学生可以观察到，重的玩具车会比轻的玩具车更难停下来，即使施加相同的制动力。这个实例可以帮助学生理解牛顿第二定律中质量对物体运动的影响。较大的质量需要更多的力来改变其运动状态。

通过这些实例和见解，学生可以更清晰地理解牛顿第二定律，即力与质量和加速度之间的关系，同时也能够将这一定律应用到不同的物理情境中。

4.2.7　生成自我介绍文案

在制作数字人视频时，通常会在开头处让数字人做自我介绍，此时用户就可以让ChatGPT来给数字人生成自我介绍文案，具体操作方法如下。

1 在ChatGPT的对话窗口中输入相应的提示词，在其中描述人物身份和需求等详细信息，如图4-10所示。

图4-10　输入相应的提示词

2 按【Enter】键确认，即可生成相应的自我介绍文案，同时还会配有画面内容的展示信息，具体内容如下。

当然，以下是一份适用于视频片头的自我介绍脚本。

[视频开场画面：激动人心的音乐和动态图像]
声音：欢迎来到创意的世界，我是你的创意导航，你的广告创意人！

[画面切换至展示数字创意作品的快速剪辑]
声音：我不仅是一名虚拟数字人，更是知名广告创意人。我的使命是将创意的火花融入每一个像素、每一帧，为您的品牌赋予生命。

[画面展示品牌标志和广告战略图像]
声音：我相信，每个品牌都有其独特的声音，每个故事都值得被分享。我是您的创意策略家，为您量身定制广告战略，让您的品牌故事传遍世界。

[画面切换至团队合作的快速剪辑，突出创意和团队的合作精神]
声音：我不是孤身一人，我的背后有一支充满激情和创意的团队，我们共同探索广告的无限可能性，让您的品牌脱颖而出。

[画面展示成功案例的图像和成就]
声音：我们的目标是不断突破创意的界限，将品牌塑造成传奇。我们以数字的力量，为您创造卓越的成就。

[画面切换至个人，镜头聚焦到AI生成的虚拟数字人]
声音：所以，不论您身在何处，无论您的品牌面向何方，我都在这里，为您的广告创意提供全程引领。

[画面展示联系方式和社交媒体信息]
声音：让我们一起探索创意的未来，将您的品牌带向新的高度。您准备好了吗？

[视频结束画面：激动人心的音乐和动态图像]
声音：我是您的广告创意人，我们的旅程刚刚开始！

4.2.8　生成年终总结文案

许多人在工作中需要做年终总结，它不仅能够帮助我们肯定过去的努力和成果，还能够帮助我们发现自身的不足和问题，以便我们在新的一年中取得更好的发展。

如今，我们可以用数字人来做年终总结视频。数字人可以通过清晰明了的表述和丰富的表现力，将一年的工作成果、经验教训以及未来的展望等大量信息快速传达出来，提高信息传递的效率和质量。下面介绍使用ChatGPT生成数字人视频中的年终总结文案的操作方法。

1 在ChatGPT的对话窗口中输入相应的提示词，主要用于让ChatGPT扮演产品经理的角色，并指定要完成的年终总结内容。同时在提示词中提供充足的上下文信息，以便ChatGPT能够理解我们的意图并生成准确的内容，如图4-11所示。

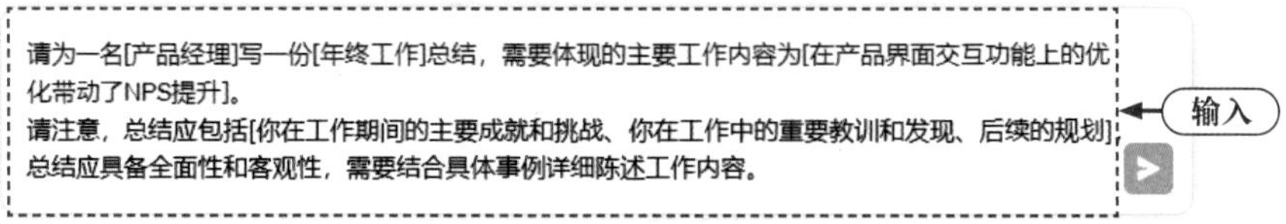

请为一名[产品经理]写一份[年终工作]总结，需要体现的主要工作内容为[在产品界面交互功能上的优化带动了NPS提升]。
请注意，总结应包括[你在工作期间的主要成就和挑战、你在工作中的重要教训和发现、后续的规划]，总结应具备全面性和客观性，需要结合具体事例详细陈述工作内容。

 输入

图4-11 输入相应的提示词

2 按【Enter】键确认，即可生成相应的年终总结文案。ChatGPT根据提示词的要求写出了具体的成就、挑战、重要教训和发现，以及后续的规划等内容，如下所示。

尊敬的领导和同事们：

非常高兴能够在这里分享我过去一年里作为产品经理所取得的成就和经验。在这个过程中，我致力于产品界面交互功能的优化，以带动NPS（净推荐值）的提升。接下来，我将分享我在工作期间的主要成就和挑战，以及我所学到的重要教训和发现，最后还会提出后续的规划。

主要成就：
在过去的一年中，我主要集中精力在产品界面交互功能的改进上，这些改进以多种方式带动了NPS的提升。以下是其中的一些主要成就。
1. 用户反馈的整合和分析： 我们建立了一个更加高效的用户反馈收集和分析流程，以便更好地理解用户需求和痛点。通过分析这些反馈，我们成功地确定了关键的界面问题，并提出了改进方案。
2. 界面优化项目： 基于用户反馈和数据分析，我们启动了一系列界面优化项目。这些项目包括改进导航、简化工作流程、提升响应速度等。其中一个关键项目是重新设计了我们的主屏幕，使用户能够更轻松地访问核心功能。
3. A/B测试和数据驱动决策： 我们采用了A/B测试的方法，对不同界面变化进行了测试，以确保我们的改进确实能够提升用户体验。这种数据驱动的方法使我们能够快速识别成功的优化和需要进一步改进的地方。

主要挑战：
同时，在工作中也遇到了一些挑战。
1. 平衡需求和资源： 在产品改进方面，我们一直有无限的想法，但资源是有限的。平衡用户需求、时间和团队资源是一个挑战，需要仔细权衡。
2. 用户满意度的滞后效应： 有时，我们的界面优化需要一段时间才能体现在NPS中。这就需要我们有耐心，并持续关注改进的效果。

重要教训和发现：
在过去的一年里，对我来说重要的教训和发现如下。
1. 用户始终是关键： 无论是多么复杂的技术或设计问题，用户的需求和反馈始终是最重要的指导原则。
2. 数据的力量： 数据分析和A/B测试能够提供有力的支持，帮助我们做出明智的决策，而不是凭直觉。

后续的规划：

在未来，我将继续致力于产品界面交互的改进，并不断优化用户体验。具体规划如下。

1. 继续进行用户研究： 深入了解用户需求，持续收集反馈，以确保我们的产品与用户期望保持一致。

2. 做更多的A/B测试： 我们将扩大A/B测试的范围，测试更多的界面变化，以确保我们的改进能够实现预期的效果。

3. 跨团队合作： 我计划加强与设计团队和开发团队之间的合作，以更高效地实现界面改进。

在我的年度工作总结中，我要感谢整个团队的支持与合作。若没有你们为共同目标的努力和付出，这些成就是无法实现的。我期待在未来的一年中，继续推动产品的发展，提升用户满意度，为公司的成功做出更大的贡献。

谢谢大家的聆听。

本章小结

　　本章主要向读者介绍了ChatGPT提示词的使用技巧，以及用ChatGPT生成数字人视频文案（如企业入职培训文案、产品营销文案、直播带货文案、穿搭技巧文案、新闻传媒文案、教育培训文案、自我介绍文案、年终总结文案等）的方法。通过对本章的学习，读者能够更好地掌握用ChatGPT生成高质量数字人口播内容的方法。

课后习题

　　鉴于本章知识的重要性，为了帮助读者更好地掌握所学知识，本节将通过课后习题，帮助读者进行简单的知识回顾。

　　1. 使用ChatGPT生成旅游推广类数字人视频的标题。

　　2. 使用ChatGPT生成耳机新品推荐的数字人口播文案。

第5章

生成图像：用 Stable Diffusion 制作人物和背景

本 章 导 读

　　很多数字人创作工具都提供了虚拟形象定制功能，也就是说，它可以克隆用户上传图片中的人物形象，生成专属的克隆数字人效果。本章我们将介绍如何使用Stable Diffusion AI绘画工具来制作数字人的人物形象和背景效果，让数字人视频变得独一无二。

5.1 定制数字人的虚拟人物形象

　　随着科技的进步，数字人的形象越来越逼真，表现力也越来越强大。定制数字人的人物形象作为一种新型的信息传播方式，正被越来越多地应用在商业、文娱等领域，如虚拟偶像、虚拟主播、虚拟演员等。

　　不过，大部分数字人创作工具中的形象定制功能收费都比较昂贵，对此本节将介绍一种免费且非常实用的方法，那就是通过本地部署Stable Diffusion来制作数字人的虚拟人物形象。

　　随着人工智能技术的不断发展，许多人工智能绘画软件应运而生，使绘画过程更加高效、有趣。Stable Diffusion是其中备受欢迎的一款，它是一个开源的深度学习生成模型，能够根据用户输入的任意文本生成高质量、高分辨率、高逼真度的图像效果。

5.1.1　制作二次元风格的数字人形象

　　Stable Diffusion是非常受欢迎的AI绘画工具，它功能强大、界面直观，并能够产生令人印象深刻的图像效果。例如，使用Stable Diffusion的图生图功能，可以将真人照片转换为二次元风格的数字人形象，具体操作方法如下。

1 进入Stable Diffusion的"图生图"页面，上传一张原图，如图5-1所示。

2 在页面上方的"Stable Diffusion模型"下拉列表中选择一个二次元风格的大模型，如图5-2所示。

图5-1　上传一张原图

图5-2　选择二次元风格的大模型

3 在页面下方设置"迭代步数"为30，"采样方法"为DPM++ SDE Karras，可以让图像细节更丰富、精细，如图5-3所示。

图5-3　设置相应参数

4 在页面下方选中"面部修复"复选框，然后单击 ➹ 按钮从图生图自动检测图像尺寸，并设置"重绘幅度"为0.5，让新图更接近于原图，如图5-4所示。

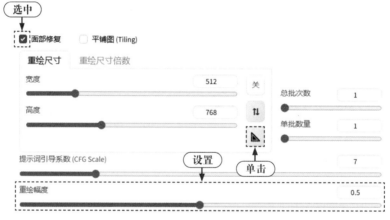

图5-4　设置"重绘幅度"参数

5 输入相应的反向词，避免产生低画质效果，单击"生成"按钮，如图5-5所示。

图5-5　单击"生成"按钮

6 执行操作后即可生成与真人形象极其相似的二次元人物，原图与生成图像的效果对比如图5-6所示。

图5-6　原图与生成图像的效果对比

┤ 专家提醒 ├

　　Stable Diffusion的图生图功能允许用户输入一张图片，并通过添加文本描述的方式输出修改后的新图片。图生图功能突破了AI完全随机生成的局限性，为图像创作提供了更多的可能性，进一步增强了Stable Diffusion在数字艺术创作等领域的应用价值。

　　图生图功能中最重要的参数就是重绘幅度，它用于控制在图生图中重新绘制图像时的强度或程度，较小的参数值会生成较柔和、逐渐变化的图像效果，而较大的参数值则会产生变化更强烈的图像效果。

5.1.2　制作真人风格的数字人形象

　　使用Stable Diffusion可以轻松生成真人风格的虚拟数字人形象，从而展现出更真实的画面感，具体操作方法如下。

　　1 进入"文生图"页面，选择一个人像写实类的大模型，如图5-7所示。

　　2 输入相应的提示词和反向词，描述画面的主体内容并排除某些特定的内容，使生成的图像更符合需求，如图5-8所示。

　　3 在页面下方选中"面部修复"复选框，并设置"迭代步数"为30，"采样方法"为DDIM，"宽度"为512，"高度"为768，将画面尺寸调整为竖图，从而提升画面的真实感和人物脸部的精准度，如图5-9所示。DDIM比其他采样方法的效率更高，而且随着迭代步数的增加可以叠加生成更多的细节。

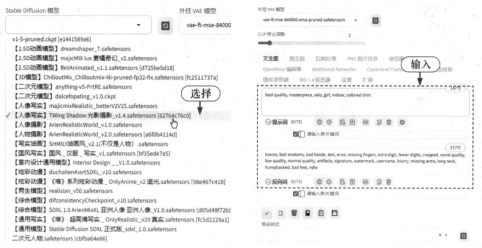

图5-7 选择人像写实类的大模型　　　　　图5-8 输入相应的提示词和反向词

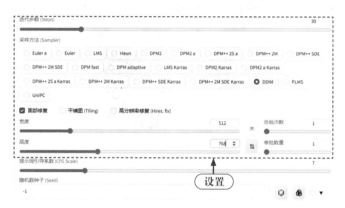

图5-9 设置相应参数

4 单击"生成"按钮即可生成真人风格的虚拟人物形象。单击"发送到后期处理"按钮，如图5-10所示。

图5-10 单击"发送到后期处理"按钮

5 执行操作后进入"后期处理"页面，设置"缩放比例"为2，Upscaler 1为R-ESRGAN 4x+。单击"生成"按钮（见图5-11），即可使用写实类的放大算法将图像放大两倍。

052

图5-11 单击"生成"按钮

6 使用相同的操作方法，再生成一张写实人像照片，两次生成的图像效果如图5-12所示。

图5-12 两次生成的图像效果

┤ 专家提醒 ├

　　迭代步数是指输出画面需要的步数，其作用可以理解为"控制生成图像的精细程度"，该参数值越高，生成的图像细节越丰富、精细。不过，增加迭代步数的同时也会增加每个图像的生成时间，减少迭代步数则可以加快生成速度。

　　Stable Diffusion的迭代步数采用的是分步渲染的方法。分步渲染是指在生成同一张图像时，分多个阶段使用不同的文字提示进行渲染。在整张图像基本成型后，再通过添加描述进行细节的渲染和优化。采用这种分步渲染的方法，需要用户掌握一定的照明、场景等方面的美术技巧，才能生成逼真的图像效果。

5.1.3　制作 3D 风格的数字人形象

Stable Diffusion 是一种强大的深度学习模型，可以用于生成高质量的 3D 数字人形象，具体操作方法如下。

1 进入"文生图"页面，选择一个 3D 风格的大模型，如图 5-13 所示。

2 输入相应的提示词和反向词，描述画面的主体内容并排除某些特定的内容，然后利用通用起手式提示词增强画面质量，如图 5-14 所示。

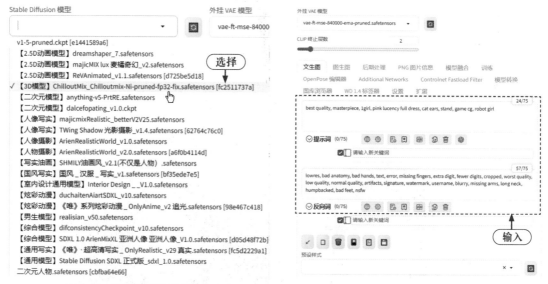

图 5-13　选择 3D 风格的大模型　　　　　图 5-14　输入相应的提示词和反向词

3 在页面下方设置"迭代步数"为 30，"采样方法"为 Euler a，"宽度"为 512，"高度"为 768，"总批次数"为 2，将画面尺寸调整为竖图，同时让生成的图像偏动漫风格，如图 5-15 所示。需要注意的是，设置图片尺寸时需要和提示词所生成的画面效果相匹配。

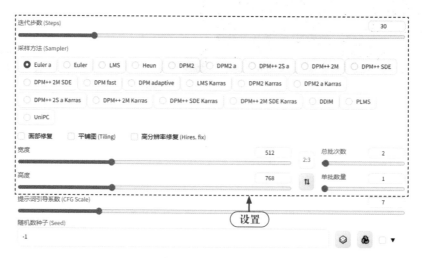

图 5-15　设置相应参数

4 单击"生成"按钮即可同时生成 2 张 3D 风格的数字人图片，效果如图 5-16 所示。

图5-16　生成2张3D风格的数字人图片效果

5.2　制作数字人视频的背景效果

在制作数字人视频的过程中，背景效果的选择与处理同样重要。好的背景效果不仅可以增强视频的观赏性，而且可以烘托数字人的情感与氛围。其中，Stable Diffusion便是一种有效的数字人视频背景制作工具。

制作数字人视频背景效果时，Stable Diffusion可用于生成多样且富有艺术感的背景效果。通过精细调控模型的参数，我们可以获得梦幻般的背景效果，增强数字人与环境的融合度。

5.2.1　生成风景类背景效果

利用Stable Diffusion制作数字人视频的背景效果，可以大大提升视频的艺术感和视觉吸引力。下面介绍使用Stable Diffusion生成风景类背景效果的操作方法。

1 进入"文生图"页面，选择一个通用的大模型，如图5-17所示。需要注意的是，这里选择的是SDXL 1.0版的模型，因此需要将外挂VAE模型关掉，或者使用SDXL配套的VAE模型。

2 输入相应的提示词和反向词，描述画面的主体内容并排除某些特定的内容，同时加入"landscape photography style"（风景摄影风格）等提示词来引导AI，如图5-18所示。

图5-17　选择通用的大模型　　　　　　　　图5-18　输入相应的提示词和反向词

3 在页面下方设置"迭代步数"为25，"采样方法"为DPM++ 2M Karras，"宽度"为1024，"高度"为768，将画面尺寸调整为横图，让生成的图像偏写实风格，如图5-19所示。

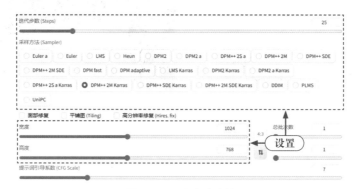

图5-19　设置相应参数

4 单击"生成"按钮即可生成风景类的背景图像。将其应用到数字人视频中，效果如图5-20所示。

图5-20　风景类背景图像的应用效果

┤ 专家提醒 ├

Stable Diffusion中的大模型是指那些经过训练以生成高质量、多样性和创新性图像的深度学习模型。这些模型通常由大型训练数据集和复杂的网络结构组成，能够生成与输入图像相关的各种风格和类型的图像。例如，SDXL 1.0是Stability AI发布的文生图模型，是一个非常优秀的开源生图模型，可以生成任何艺术风格的高质量图像。

Stable Diffusion中的VAE（Variational Auto-Encoder）模型是一种变分自编码器，它通过学习潜在表征来重建输入的数据。在Stable Diffusion中，外挂VAE模型用于将图像编码为潜在向量，并从该向量解码图像，以进行图像修复或微调。

5.2.2　生成动画场景类背景效果

使用Stable Diffusion制作动画场景类背景效果，然后让数字人形象与背景完美融合，能够使整个视频画面更加逼真，为观众营造极致的沉浸式体验。下面介绍使用Stable Diffusion生成动画场景类背景效果的操作方法。

1 进入"文生图"页面，选择一个通用的大模型。然后输入相应的提示词和反向词，描述画面的主体内容并排除某些特定的内容，同时加入"game cg, comic"（游戏CG，漫画）等风格提示词来引导AI，如图5-21所示。

图5-21　输入相应的提示词和反向词

2 在页面下方设置"迭代步数"为30，"采样方法"为Euler a，"宽度"为1024，"高度"为576，将画面尺寸调整为横图，同时让生成的图像偏动漫风格，如图5-22所示。

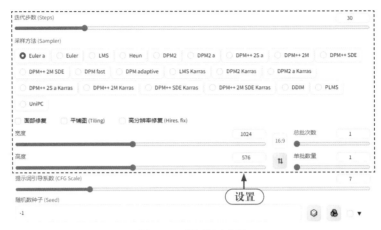

图 5-22　设置相应参数

3 单击"生成"按钮即可生成动画场景类背景图像，效果如图5-23所示。可以看到，画面具有出色的细节表现力和极强的现实感。

图 5-23　生成的动画场景类背景图像的效果

如果用户对生成的图像不满意，可以继续单击"生成"按钮，重新生成图像。当生成满意的背景图像后，即可将其应用到数字人视频中，为观众带来更加精彩的视觉体验，效果如图5-24所示。

图 5-24　动画场景类背景图像的应用效果

5.2.3　生成虚拟场景类背景效果

合适的背景效果不仅可以贴合数字人的虚拟特性，还可以通过精心的设计呈现出极富创意的场景效果，使观众仿佛置身于一个充满科技感的奇幻数字世界中。下面介绍使用Stable Diffusion生成虚拟场景类背景效果的操作方法。

1 进入"文生图"页面，选择一个通用的大模型，然后输入相应的提示词和反向词，描述画面的主体内容并排除某些特定的内容，同时加入"science fiction"（科技幻想）等风格提示词来引导AI，如图5-25所示。

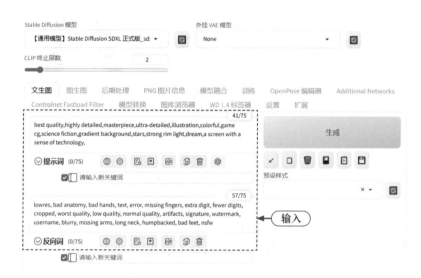

图5-25　输入相应的提示词和反向词

2 在页面下方设置"迭代步数"为36，"采样方法"为DPM++ 2M Karras，"宽度"为680，"高度"为1024，将画面尺寸调整为竖图，同时让生成的图像偏写实风格，如图5-26所示。

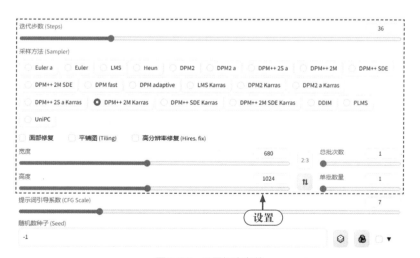

图5-26　设置相应参数

3 单击"生成"按钮即可生成虚拟场景类背景图像，效果如图5-27所示。可以看出，画面具有很强的视觉冲击力。

将Stable Diffusion生成的虚拟场景类背景应用到数字人视频中，创造出一种虚拟的视觉环境，使数字人仿佛置身于一个高度逼真的数字世界中，从而为观众提供更加多元化的视觉体验，效果如图5-28所示。

图5-27　生成的虚拟场景类背景图像的效果

图5-28　虚拟场景类背景图像的应用效果

5.3　生成与商品融合的数字人模特

数字人模特是指通过计算机技术生成的虚拟人物形象，它们具备逼真的外表和自然的举止，可以模拟真实的人物形象。数字人模特的特点在于其拥有较高的逼真性和自然性。在商品展示中，它们能够很好地呈现出商品的特点和风格，让消费者更加直观地感受到商品的魅力。

在如今这个数字化时代，科学技术的进步为各个行业带来了无限的可能。其中，"数字人模特"这一概念的出现，正逐渐改变人们对于时尚、广告和艺术等领域的认知。Stable Diffusion等AI工具，能够帮助用户生成与商品融合得很好的数字人模特，为相关领域注入新的活力。

5.3.1　制作数字人骨骼姿势图

使用OpenPose编辑器可以制作数字人模特的骨骼姿势图，用于固定Stable Diffusion生成的人物姿势，使其更好地配合商品的展现需求。下面介绍制作数字人骨骼姿势图的操作方法。

1 进入Stable Diffusion的"扩展"页面，切换至"可下载"选项卡，单击"加载扩展列表"按钮，加载扩展列表，然后在搜索框中输入Openpose，如图5-29所示。在搜索结果中单击"OpenPose编辑器"插件右侧的"安装"按钮进行安装即可。由于本机已经安装了该插件，因此按钮显示的是"已安装"。

图5-29　输入Openpose

2 插件安装完成后，切换至"已安装"选项卡，单击"应用更改并重启"按钮（见图5-30），重启Stable Diffusion WebUI。

图5-30　单击"应用更改并重启"按钮

3 重启Stable Diffusion WebUI后，进入"OpenPose编辑器"页面，单击"添加"按钮，添加一个骨骼姿势，如图5-31所示。

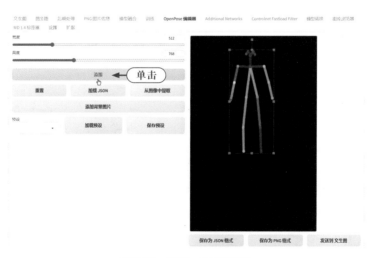

图5-31　添加一个骨骼姿势

4 单击"添加背景图片"按钮，添加一张人物姿势的参考图。然后根据参考图调整骨骼姿势的大小、位置和形态，单击"保存为PNG格式"按钮（见图5-32），保存制作好的骨骼姿势图。

图5-32　单击"保存为PNG格式"按钮

5.3.2　生成数字人模特效果

本小节我们将使用Stable Diffusion"图生图"页面中的"上传重绘蒙版"功能，给服装搭配上虚拟数字人模特，以更好地展示服装的穿搭效果，从而吸引观者的注意力，具体操作方法如下。

1 进入"图生图"页面，选择一个通用写实类大模型，然后输入相应的提示词和反向词，描述画面的主体内容并排除某些特定的内容，如图5-33所示。

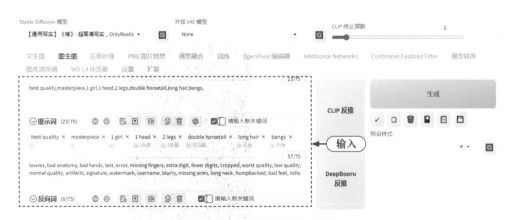

图5-33　输入相应的提示词和反向词

2 切换至"上传重绘蒙版"选项卡，上传相应的服装原图和蒙版，如图5-34所示。

图5-34 上传相应的服装原图和蒙版

3 在页面下方选中"面部修复"复选框，并设置"蒙版模式"为"重绘蒙版内容"，"采样方法"为DPM++ SDE Karras，"重绘幅度"为0.95，让图片产生更大的变化，同时将尺寸设置为与原图一致，如图5-35所示。

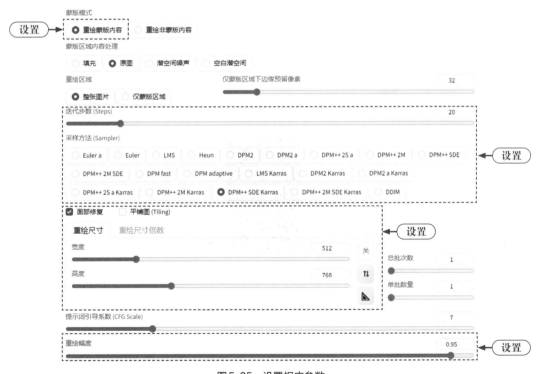

图5-35 设置相应参数

4 展开ControlNet插件选项区，在"ControlNet Unit 0 [Canny]"选项卡中上传服装原图，选中"启用"和"完美像素模式"复选框，在"控制类型"选项区中选中"Canny（硬边缘）"单选按钮，单击Run preprocessor（运行预处理程序）按钮¤，生成一张黑白线稿图，用于固定服装的样式，如图5-36所示。

图5-36　单击 ✖ 按钮

5 切换至"ControlNet Unit 1"选项卡，上传人物的骨骼姿势图，然后选中"启用"和"完美像素模式"复选框，设置"模型"为control_openpose-fp16 [9ca67cc5]，用于固定人物的动作姿势，如图5-37所示。

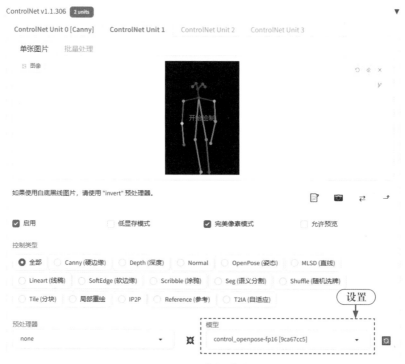

图5-37　设置"模型"参数

6 多次单击"生成"按钮即可生成不同的虚拟数字人模特，效果如图5-38所示。

图5-38　生成不同的虚拟数字人模特

本章小结

　　本章主要向读者介绍了Stable Diffusion的相关知识，具体内容包括定制数字人的虚拟人物形象、制作数字人视频的背景效果、生成与商品融合的数字人模特等。通过对本章的学习，读者能够更好地掌握使用Stable Diffusion生成虚拟数字人和背景的操作方法。

课后习题

　　鉴于本章知识的重要性，为了帮助读者更好地掌握所学知识，本节将通过课后习题，帮助读者进行简单的知识回顾。

　　1. 使用Stable Diffusion制作一个真人风格的数字人形象，效果如图5-39所示。

　　2. 使用Stable Diffusion制作一个动漫风格的数字人形象，效果如图5-40所示。

图5-39　真人风格的数字人形象

图5-40　动漫风格的数字人形象

第6章

生成数字人：用腾讯智影
定制专属数字人视频

本章导读

虚拟数字人综合运用了计算机技术和人工智能技术等，能够以数字化的形式表现出各种人物角色，还可以通过语音交互、动作表达等操作实现互动性和视觉上的逼真效果。本章主要以腾讯智影为例，介绍虚拟数字人的生成方法，以帮助大家快速创建虚拟数字人视频。

6.1 生成虚拟数字人的基本设置

数字人播报是由腾讯智影数字人团队研发多年并不断完善而推出的在线智能数字人视频创作功能，力求让更多人可以借助数字人实现内容产出，低成本、高效率地制作播报视频。本节主要介绍使用数字人播报功能生成虚拟数字人的基本设置技巧，掌握这些技巧有助于快速生成虚拟数字人。

6.1.1 熟悉数字人播报功能页面

数字人播报功能页面融合了轨道剪辑、数字人内容编辑窗口等，可以一站式完成"数字人播报＋视频创作"流程，让用户方便、快捷地制作各种数字人视频作品，并激发视频创意，拓宽使用场景。

数字人播报功能页面分为7个板块，如图6-1所示。用户可以借助各板块中的功能，完成数字人视频的创作。

图6-1　数字人播报功能页面

❶ 主显示/预览区：也称为预览窗口，用户可以选择画面上的任一元素，然后在弹出的右侧编辑区中进行调整，可以调整画面内的字体（大小、位置、颜色）、数字人（内容、形象、动作）、背景以及其他元素等。在预览窗口的底部，用户可以调整视频画布的比例并控制数字人的字幕开关。

❷ 轨道区：位于预览区的下方，单击"展开轨道"按钮后，可以对数字人视频进行更精细化的轨道编辑。例如，在轨道上可以调整各个元素的位置和持续时间，同时还可以编辑数字人轨道上动作的插入位置，如图6-2所示。

图6-2　轨道区

❸ 编辑区：与预览区中选择的元素相关联，默认显示"播报内容"选项卡。用户可以在此处调整数字人的驱动方式和口播文案。

❹ 工具栏：页面最左侧为工具栏，用户借此可以在视频中添加新的元素，并进行其他操作，如选择套用官方模板、增加新的页面、替换图片背景、上传媒体素材，以及添加音乐、贴纸、花字等。单击对应的工具按钮后，相应工具会在工具栏右侧的面板中进行展示。

❺ 工具面板：和左侧工具栏相关联，展示相关工具的使用选项，可以单击右侧的收缩按钮 ‹ 折叠工具面板。

❻ 文件命名区：在窗口顶部，用户可以在此处编辑文件名称，并查看项目文件的保存状态。

❼ 合成视频按钮区：确认数字人视频编辑完成后，可以单击"合成视频"按钮生成视频，生成后的数字人视频包括动态动作和口型匹配的画面。单击"合成视频"按钮旁边的"？"按钮，可以查看操作手册、联系在线客服、切换纯净版等。

数字人播报功能保留了纯净版功能入口，用户可以单击窗口右上角的"？"按钮，在弹出的列表中选择"前往纯净版"选项，如图6-3所示。

图6-3　选择"前往纯净版"选项

执行操作后即可切换为纯净版的数字人播报功能页面，如图6-4所示。纯净版仅支持简单的数字人创作，常用于制作固定图片背景的数字人视频。

图6-4　纯净版的数字人播报功能页面

6.1.2　选择合适的数字人模板

数字人播报功能页面中提供了大量的特定场景模板，用户可以直接选择，从而提升创作效率，具体操作方法如下。

1 在工具栏中单击"模板"按钮，展开"模板"面板，然后在"横版"选项卡中选择相应的数字人模板，如图6-5所示。

图6-5　选择相应的数字人模板

2 执行操作后，在弹出的对话框中可以预览该数字人模板的视频效果，如图6-6所示，然后单击"应用"按钮。

图6-6　预览数字人模板的视频效果

③ 执行操作后弹出"使用模板"对话框，单击"确定"按钮即可替换当前轨道中的模板，如图6-7所示。

图6-7　替换当前轨道中的模板

6.1.3　设置数字人的人物形象

腾讯智影支持丰富的2D数字人形象，而且对于不同的数字人均配置了多套服装、姿势、形状和动作，并支持更换画面背景。下面介绍设置数字人的人物形象的操作方法。

① 在工具栏中单击"数字人"按钮，展开"数字人"面板，切换至"2D"选项卡，选择相应的数字人形象，即可改变所选PPT页面中的数字人形象，如图6-8所示。使用相同的操作方法，替换轨道区中的其他PPT页面的数字人形象。

图6-8　选择相应的数字人形象

2 在预览区中选择数字人，然后在编辑区的"数字人编辑"选项卡中选择相应的服装，即可改变数字人的服装效果，如图6-9所示。

图6-9　选择相应的服装

3 在"姿态"选项区中可以看到，该数字人的默认姿态为"半身站姿"，选择"坐姿"选项，可以拉近镜头，让人物离观众更近一些，如图6-10所示。

图6-10 选择"坐姿"选项

4 在"形状"选项区中，除了默认的全身形象，系统还提供了4种不同形状的展示效果，包括圆形、方形、星形和心形，如图6-11所示。这些形状的原理就是蒙版，能够遮罩形状外的数字人的身体。用户可以拖曳白色的方框，调整数字人在形状中的位置。

图6-11 4种不同形状的展示效果

5 在轨道区中选择相应的PPT页面，在预览区中选择数字人，然后在编辑区的"动作"选项区中切换至"中性表达"选项卡，选择相应的动作选项，在预览图中单击■按钮，如图6-12所示。

图6-12　单击相应按钮

6 执行操作后即可展开轨道区，可以看出，轨道中已添加相应的动作，然后调整该动作的位置，如图6-13所示。

图6-13　调整动作的位置

7 选择第3页PPT中的数字人，在编辑区中切换至"画面"选项卡，然后设置"X坐标"为350，"Y坐标"为0，"缩放"为100%，"亮度"为2，调整数字人的位置、大小和亮度，如图6-14所示。

图6-14　调整数字人的位置、大小和亮度

6.1.4　修改数字人的播报内容

完成关于数字人形象的设置后，可在"播报内容"文本框中输入相应内容或修改内容，并对播报内容进行精细化的调整，具体操作方法如下。

1 在编辑区的"播报内容"选项卡的文本框中修改相应的文字内容，如图6-15所示。

2 在"播报内容"选项卡底部单击选择音色按钮 🅐 雅欣 1.0x　，如图6-16所示。

图6-15　修改相应的文字内容　　　图6-16　单击选择音色按钮

3 执行操作后，弹出"选择音色"对话框，然后在其中对场景、性别和年龄进行筛选，并选择一个合适的女声音色，如图6-17所示。单击"确认"按钮即可修改数字人的音色。

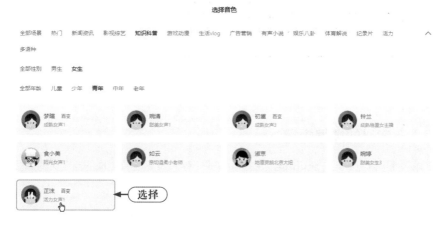

图6-17　选择一个合适的女声音色

┤ 专家提醒 ├

在"选择音色"对话框中单击"定制专属音色"按钮进入该功能页面，用户可以在此上传音频文件并训练声音模型，实现声音克隆效果，如图6-18所示。

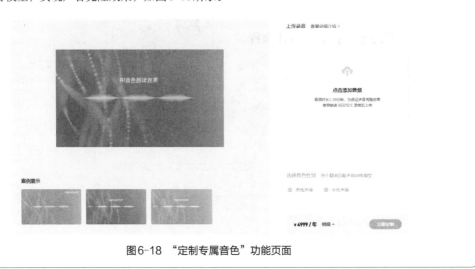

图6-18　"定制专属音色"功能页面

4 单击"保存并生成播报"按钮即可根据文字内容生成相应的语音播报，如图6-19所示。（后期会根据具体讲师的名字同步修改PPT中的讲师名字。）

图6-19　生成相应的语音播报

6.1.5　导入自定义的播报内容

除了直接输入播报内容，用户还可以导入由ChatGPT等AI文案工具生成的自定义的播报内容，提升播报内容的编辑效率，具体操作方法如下。

1 选择第2页PPT，清空模板中的文字内容，然后在编辑区的"播报内容"选项卡中单击"导入文本"按钮，如图6-20所示。

图6-20 单击"导入文本"按钮

2 执行操作后，弹出"打开"对话框，选择相应的文本文件（见图6-21）后，单击"打开"按钮。

3 执行操作后即可导入文本文件中的播报内容，如图6-22所示。

图6-21 选择相应的文本文件

图6-22 导入文本文件中的播报内容

4 将光标定位到文字的结尾处，单击"插入停顿"按钮，在弹出的列表中选择"停顿（0.5秒）"选项，如图6-23所示。

5 执行操作后即可在文字结尾处插入一个停顿标记。也就是说，数字人播报到这里时会停顿0.5秒再往下读，如图6-24所示。

图6-23 选择"停顿（0.5秒）"选项　　图6-24 插入一个停顿标记

┤ 专家提醒 ├

在"播报内容"选项卡下方的文本框中选择单个文字后，单击"多音字"按钮，在弹出的列表中可以选择该文字在当前语境中的正确拼音。

6 设置相应的音色，单击"保存并生成播报"按钮，即可根据文字内容生成语音播报效果，如图6-25所示。

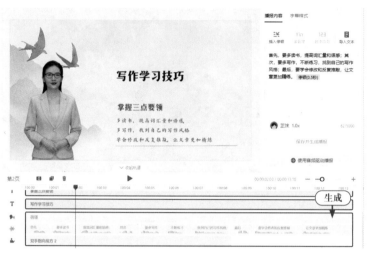

图6-25　生成相应的语音播报效果

6.1.6　编辑数字人的文字效果

用户可以随意编辑数字人视频中的文字效果，包括新建文本、修改文本内容、修改文本样式等，具体操作方法如下。

1 在预览区中选择相应的文本，然后在编辑区的"样式编辑"选项卡中适当修改文本内容，如图6-26所示。

图6-26　修改文本内容

2 在预览区中选择相应的文本，然后在编辑区的"样式编辑"选项卡中选中"阴影"复选框，其他参数保持默认设置，即可给文字添加阴影效果，如图6-27所示。

图6-27　给文字添加阴影效果

3 切换至"动画"选项卡，在"进场"选项区中选择"渐显"选项，即可给所选文本添加一个逐渐显示的进场动画效果，如图6-28所示。

图6-28　选择"渐显"选项

4 在工具栏中单击"文字"按钮，展开"文字"面板，然后在"花字"选项卡中选择"文本"选项，即可新建一个默认文本，如图6-29所示。

图6-29　新建一个默认文本

5 在编辑区的"样式编辑"选项卡的文本框中输入相应的文本内容，然后设置"颜色"为浅蓝色（#70CFFF），"字号"为30，调整字符属性，并适当调整文本的持续时间，使其与该PPT页面的数字人时长一致，如图6-30所示。

图6-30　调整文本的字符属性和持续时间

6.1.7　设置数字人的字幕样式

用户可以开启字幕功能，在数字人视频中显示语音播报的同步字幕，具体操作方法如下。

1 在预览区右下角开启"字幕"功能，即可显示字幕，然后适当调整字幕出现的位置，如图6-31所示。

图6-31　显示字幕并调整其位置

2 切换至"字幕样式"选项卡，选择一个合适的预设样式，并设置"字号"为30，以调整字幕的样式效果和字体大小，如图6-32所示。

图6-32　调整字幕的样式效果和字体大小

3 使用相同的操作方法，调整其他PPT页面中的字幕效果，如图6-33所示。

图6-33　调整其他PPT页面中的字幕效果

6.1.8　合成数字人视频效果

用户设置好数字人视频内容后，即可单击"合成视频"按钮快速生成视频，具体操作方法如下。

1 在数字人播报功能页面的右上角，单击"合成视频"按钮，如图6-34所示。

图6-34　单击"合成视频"按钮

2 执行操作后，弹出"合成设置"对话框，输入相应的名称，在"分辨率"下拉列表中选择"1080P超清（适合高品质追求）"选项（见图6-35），单击"确定"按钮。

3 执行操作后，弹出信息提示框，单击"确定"按钮即可，如图6-36所示。

图6-35　选择"1080P超清
（适合高品质追求）"选项

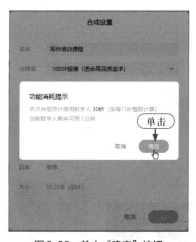

图6-36　单击"确定"按钮

4 执行操作后，单击"我的资源"按钮，展开"我的资源"面板，其中会显示该视频的合成进度，如图6-37所示。

图6-37　显示该视频的合成进度

5 合成视频后，单击"下载"按钮 ⬇ （见图6-38），即可保存数字人视频。

图6-38　单击"下载"按钮

6.2　修改虚拟数字人的视频效果

腾讯智影的数字人播报功能不仅具有功能丰富、操作易上手、制作成本低等特点，而且支持专属定制等功能。用户可以运用此功能修改数字人的背景、音乐和文字效果等，从而制作出个性化的虚拟数字人视频效果。

6.2.1　使用 PPT 模式编辑数字人

用户在腾讯智影中创建或编辑数字人视频时，可以像编辑PPT一样进行操作，具体操作方法如下。

1 单击"模板"按钮，展开"模板"面板，选择一个合适的数字人模板，如图6-39所示。

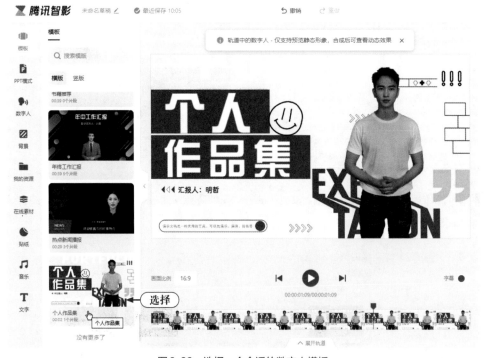

图6-39　选择一个合适的数字人模板

2 单击"PPT模式"按钮，展开"PPT模式"面板，单击"新建页面"按钮，如图6-40所示。

图6-40　单击"新建页面"按钮

3 执行操作后即可新建一个只有模板背景的空白PPT页面，如图6-41所示。用户可以在其中添加新的数字人、文字、贴纸等元素。

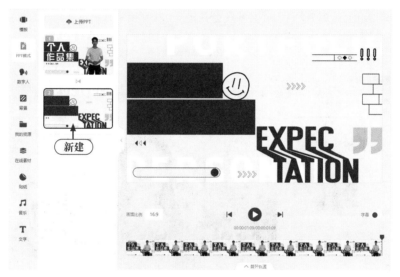

图6-41　只有模板背景的空白PPT页面

4 单击相应PPT缩略图右上角的"删除"按钮 ⑧（见图6-42），即可删除该PPT页面。

5 单击"上传PPT"按钮，弹出"打开"对话框，选择相应的PPT素材文件（见图6-43），单击"打开"按钮。

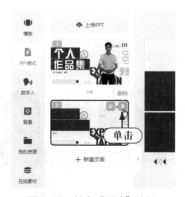

图6-42　单击"删除"按钮　　　　图6-43　选择相应的PPT素材文件

6 执行操作后，弹出"即将导入PPT"对话框，系统会提示用户选择导入方式，单击"覆盖当前内容"按钮即可，如图6-44所示。

图6-44 单击"覆盖当前内容"按钮

7 稍待片刻即可上传PPT文件，并且系统会在每个PPT页面中自动添加合适的数字人，如图6-45所示。

图6-45 自动添加合适的数字人

8 适当调整数字人的大小和位置，并添加和生成对应的播报内容，效果如图6-46所示。

图6-46 PPT模式下编辑的数字人效果

6.2.2 修改数字人视频的背景

用户在编辑数字人视频时，可以修改其背景，包括添加图片背景、纯色背景和自定义背景等方式，具体操作方法如下。

1 新建一个默认的数字人视频，单击"背景"按钮，展开"背景"面板，在"图片背景"选项卡中选择一张背景图片，即可改变数字人的背景效果，如图6-47所示。

图6-47 改变数字人的背景效果

┤ 专家提醒 ├

在预览区中选择背景图片后，用户可以在编辑区中单击"删除背景"按钮，将背景删除；也可以单击"替换背景"按钮，选择其他的背景效果。

2 切换至"纯色背景"选项卡，选择浅黄色色块，即可将数字人的背景设置成纯色，效果如图6-48所示。

图6-48 将数字人的背景设置成纯色

3 切换至"自定义"选项卡，单击"本地上传"按钮，如图6-49所示。

4 执行操作后，弹出"打开"对话框，选择相应的图片素材，如图6-50所示，单击"打开"按钮。

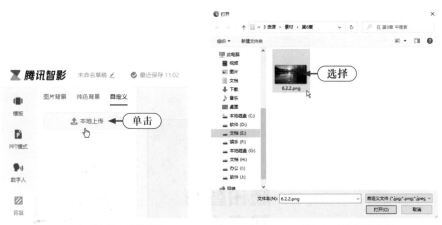

图6-49 单击"本地上传"按钮   图6-50 选择相应的图片素材

5 执行操作后即可上传图片素材，在"自定义"选项卡中选择上传的图片素材，即可改变数字人的背景，然后适当调整文字颜色，效果如图6-51所示。

图6-51 适当调整文字颜色

6.2.3 上传资源合成数字人素材

用户可以在数字人播报功能页面中上传并使用各种素材，包括视频、音频和图片等，具体操作方法如下。

1 单击"模板"按钮，展开"模板"面板，选择一个合适的数字人模板，如图6-52所示，然后删除多余的文字元素和播报内容。

图6-52 选择一个合适的数字人模板

2 单击"我的资源"按钮，展开"我的资源"面板，单击"本地上传"按钮，如图6-53所示。

3 执行操作后，弹出"打开"对话框，选择相应的音频素材，如图6-54所示，单击"打开"按钮上传音频素材。

图6-53 单击"本地上传"按钮

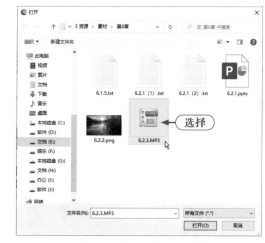

图6-54 选择相应的音频素材

4 执行操作后，在编辑区的"播报内容"选项卡下方单击"使用音频驱动播报"按钮，如图6-55所示。

5 执行操作后，系统会自动展开"我的资源"面板中的"音频"选项区，选择刚才上传的音频素材，如图6-56所示。

图6-55　单击"使用音频驱动播报"按钮　　　　图6-56　选择刚才上传的音频素材

6 执行操作后即可将该音频素材添加到轨道区中，如图6-57所示。

图6-57　将音频素材添加到轨道区中

7 与此同时，系统会使用该音频来驱动数字人。用户可以更换数字人形象，合成并预览视频，效果如图6-58所示。

图6-58　通过音频驱动数字人的效果

┤ 专家提醒 ├

需要注意的是，用户在编辑数字人视频时，轨道区中的数字人仅显示静态的形象。用户只能在预览模板时或合成视频后才能查看动态效果。

6.2.4 使用在线素材编辑数字人

除了上传自定义的素材，腾讯智影还提供了很多在线素材，以供用户使用，包括综艺、电影、电视剧、片头、片尾等素材资源。

单击"在线素材"按钮，展开"在线素材"面板，在"腾讯视频"选项卡中可以看到各种影视资源，如图6-59所示。不过，用户需要绑定腾讯内容开放平台的账号完成授权并签署协议，才能使用其中的素材，而且发布内容后还可以享受腾讯多平台分成收益。

图6-59 "腾讯视频"选项卡

下面介绍使用在线素材编辑数字人的操作方法。

1 单击"模板"按钮，展开"模板"面板，选择一个合适的数字人模板，如图6-60所示，并适当删除一些PPT页面。

图6-60 选择一个合适的数字人模板

2 单击"在线素材"按钮，展开"在线素材"面板，切换至"制片必备"|"片头"选项卡，选择相应的片头素材，如"烟火开场 片头"，如图6-61所示。

3 执行操作后，在弹出的对话框中可以预览片头效果，单击"添加"按钮，如图6-62所示。

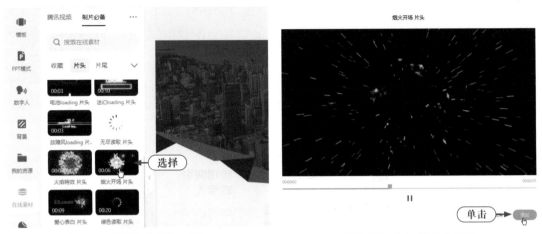

图6-61 选择相应的片头素材　　　　　　　　　图6-62 单击"添加"按钮

4 执行操作后即可将片头素材添加到轨道区中，然后在编辑区的"视频编辑"选项卡中设置"缩放"为100%，调整片头素材的大小，使其铺满整个视频画面，如图6-63所示。

图6-63 调整片头素材的大小

5 在轨道区中选中数字人和文字等素材，将其拖曳至片头素材的结束位置，使两者不会重叠出现，如图6-64所示。

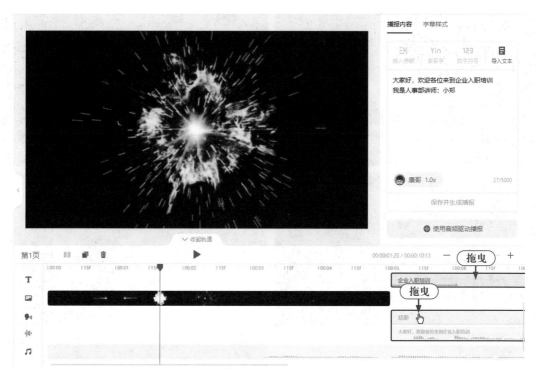

图6-64 拖曳数字人和文字等素材至片头素材的结束位置

6 将时间轴拖曳至视频的结束位置，在"在线素材"面板中切换至"制片必备"|"片尾"选项卡，单击相应片尾素材上的 ██ 按钮，将其添加到轨道区中，并适当调整其大小，使其铺满整个视频画面，如图6-65所示。

图6-65 调整片尾素材的大小

7 合成并导出数字人视频，预览视频效果，如图6-66所示。

图6-66　预览视频效果

6.2.5　给数字人添加动态贴纸

腾讯智影提供了许多贴纸效果，在编辑数字人视频时，用户可以在"贴纸"面板中查找自己喜欢的贴纸，然后将其添加到轨道上。贴纸的种类包括电商、马赛克、表情包、综艺字等，可以增强视频的视觉效果和创意性。下面介绍给数字人添加动态贴纸的操作方法。

1 单击"模板"按钮，展开"模板"面板，选择一个合适的数字人模板，如图6-67所示。

图6-67　选择一个合适的数字人模板

2 单击"贴纸"按钮，展开"贴纸"面板，切换至"电商"选项卡，在其中选择"超值"选项，将该贴纸添加到轨道区中，如图6-68所示。

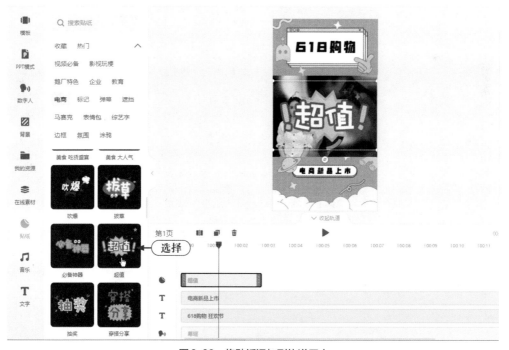

图6-68　将贴纸添加到轨道区中

3 适当调整贴纸的持续时间，使其与数字人的时长一致。然后在编辑区的"贴纸编辑"|"基础调节"选项区中设置"X坐标"为0，"Y坐标"为300，"缩放"为50%，调整贴纸的位置和大小，如图6-69所示。

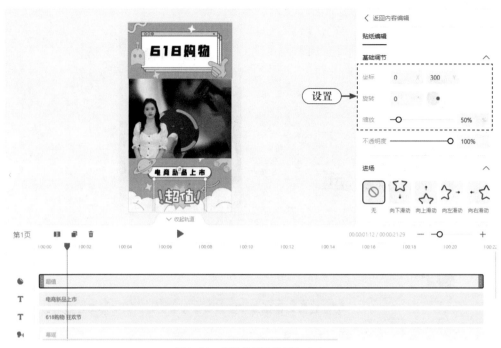

图6-69　调整贴纸的位置和大小

4 在"进场"选项区中选择"向上滑动"选项，在"出场"选项区中选择"向下滑出"选项，为贴纸添加进场和出场动画效果，如图6-70所示。

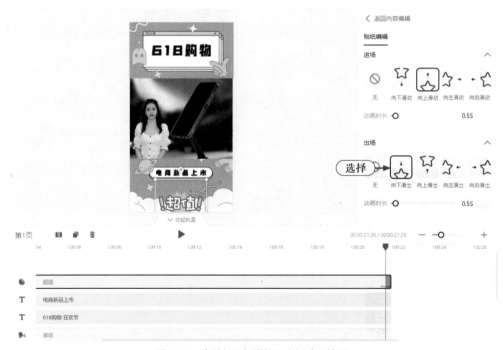

图6-70　为贴纸添加进场和出场动画效果

5 合成并导出数字人视频，预览视频效果，如图6-71所示。

图6-71　预览视频效果

6.2.6　修改数字人的背景音乐

在使用腾讯智影制作数字人视频时，用户还可以给视频添加各种背景音乐和音效，让数字人视频更加生动、有趣，具体操作方法如下。

1 单击"模板"按钮，展开"模板"面板，选择一个合适的数字人模板，如图6-72所示。

图6-72　选择一个合适的数字人模板

2 单击"音乐"按钮，展开"音乐"面板，在"音乐"选项卡中选择相应的背景音乐，然后单击 ⊕ 按钮，如图6-73所示。

图6-73　单击相应按钮

3 执行操作后，弹出"添加音频"对话框，单击"设置为跨页背景音乐"按钮，如图6-74所示。

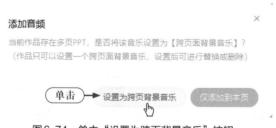

图6-74　单击"设置为跨页背景音乐"按钮

4 执行操作后即可将背景音乐添加到整个PPT页面中，如图6-75所示。

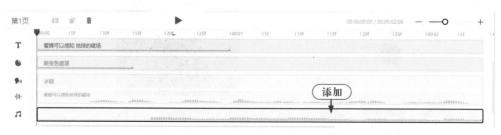

图6-75　将背景音乐添加到整个PPT页面中

5 在"音乐"面板中切换至"音效"选项卡，选择"大自然"|"森林"选项，单击 ⊕ 按钮将其添加到轨道区中，并适当调整其时长，如图6-76所示。

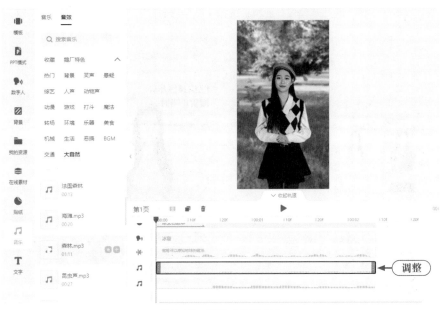

图6-76　调整音效的时长

6 合成并导出数字人视频，预览视频效果，如图6-77所示。

图6-77　预览视频效果

6.2.7　添加花字效果和文字模板

在使用腾讯智影制作数字人视频时，用户可以添加花字效果和文字模板，让数字人视频更加丰富多彩，以提升观众的观看体验，具体操作方法如下。

1 单击"模板"按钮，展开"模板"面板，选择一个合适的数字人模板，如图6-78所示。

图6-78　选择一个合适的数字人模板

2 删除多余的文字元素，然后单击"数字人"按钮，展开"数字人"面板，选择相应的数字人形象，以改变数字人的形象，如图6-79所示。

图6-79　选择相应的数字人形象

3 单击"文字"按钮，展开"文字"面板，在"花字"选项卡中选择相应的花字样式，为数字人视频添加花字效果。然后在编辑区中修改文本内容，设置"字号"为50，调整花字的大小，并适当调整花字的位置和时长，如图6-80所示。

图6-80 添加并调整花字

4 在"文字"面板中切换至"文字模板"选项卡，选择相应的文字模板，将其添加至轨道区中。然后在编辑区中修改文本内容，并适当调整文字模板的位置，如图6-81所示。

图6-81 添加并调整文字模板

5 合成并导出数字人视频，预览视频效果，如图6-82所示。

图6-82　预览视频效果

6.2.8　修改数字人的画面比例

在腾讯智影中，用户可以修改数字人的画面比例，如选择固定的横纵比，或者自由设置画面比例，具体操作方法如下。

1 单击"模板"按钮，展开"模板"面板，选择一个合适的数字人模板，如图6-83所示。

图6-83　选择一个合适的数字人模板

2 单击"画面比例"右侧的参数，在弹出的列表中选择"4:3"选项（见图6-84），即可改变画面比例。

图6-84　选择"4∶3"选项

3 更换相应的数字人形象，然后在预览区中适当调整数字人和文字等元素的大小和位置，效果如图6-85所示。

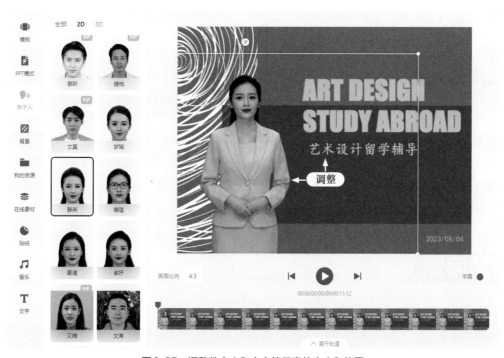

图6-85　调整数字人和文字等元素的大小和位置

4 合成并导出数字人视频，预览视频效果，如图6-86所示。

图6-86　预览视频效果

本章小结

本章主要向读者介绍了腾讯智影的数字人播报功能，具体内容包括熟悉数字人播报功能页面、选择合适的数字人模板、设置数字人的人物形象、修改数字人的播报内容、导入自定义的播报内容、编辑数字人的文字效果、设置数字人的字幕样式、合成数字人视频效果、使用PPT模式编辑数字人、修改数字人视频的背景、修改数字人的背景音乐、添加花字效果和文字模板、修改数字人的画面比例等。通过对本章的学习，读者能够更好地掌握使用腾讯智影制作数字人视频的操作方法。

课后习题

鉴于本章知识的重要性，为了帮助读者更好地掌握所学知识，本节将通过课后习题，帮助读者进行简单的知识回顾。

1. 使用腾讯智影制作一个旅游推广类数字人视频，效果如图6-87所示。

图6-87 旅游推广类数字人视频效果

2. 使用腾讯智影制作一个直播预报类数字人视频，效果如图6-88所示。

图6-88 直播预报类数字人视频效果

第7章

生成主播：用腾讯智影
实现数字人实时直播

本章导读

　　如今直播已成为人们进行娱乐、社交和购物等活动的重要渠道。随着人工智能技术的飞速发展，虚拟数字人直播逐渐崭露头角，并开始引领行业新趋势。腾讯智影作为一款专业的智能创作工具，可以轻松生成虚拟数字人主播，为观众带来全新的直播体验。

7.1　使用腾讯智影的数字人直播功能

　　腾讯智影基于自研数字人平台开发的数字人直播功能，可以实现预设节目的自动播放。同时，数字人直播功能已经接入了抖音、视频号、淘宝和快手的弹幕评论抓取回复功能，能够通过抓取开播平台的观众评论，并通过互动问答库来快速进行回复。

　　在直播过程中，观众可以通过文本或音频接管功能与数字人进行实时互动。此外，借助窗口捕获推流工具，数字人直播间可以在直播平台开播。

7.1.1　开通数字人直播功能的方法

　　腾讯智影的数字人直播功能是在数字人视频的基础上增强了互动功能，可以对数字人直播节目进行24小时循环播放或随机播放，同时还可以实时和直播间的观众进行沟通。

　　建议用户使用谷歌Chrome浏览器或者微软Edge浏览器登录腾讯智影首页，单击"智能小工具"选项区中的"数字人直播"按钮，如图7-1所示。

图7-1　单击"数字人直播"按钮

执行操作后即可进入"数字人直播"页面，在此页面中用户可以管理数字人直播节目、我的直播间、互动问答库等。单击"点击开通"按钮（见图7-2），在弹出的对话框中选择相应的版本（直播体验版和真人接管直播专业版）和使用期限，并扫码支付即可开通数字人直播功能，如图7-3所示。

图7-2　单击"点击开通"按钮

图7-3　扫码支付对话框

7.1.2　数字人直播功能页面的介绍

开通数字人直播功能后，用户即可使用该功能编辑直播节目并开播。如果未开通或开通期限已到，将只能查看以往编辑的节目内容，不能新建节目和开播。"数字人直播"页面的左上方还会显示用户的账号信息和有效期，以及"续费时长"按钮，如图7-4所示。

图7-4　"数字人直播"页面

"数字人直播"页面的左侧为功能访问入口，"节目管理"为首页，可以供用户进行直播节目内容的制作；"我的直播间"为开播页面，可以供用户将制作好的节目串联在一起，然后进行直播；"互动问答库"为互动功能知识库设置页面，可以供用户设置互动功能的触发条件和回复内容；"帮助中心"为操作手册，可以供用户学习该功能的使用技巧。

在"新建节目"选项区中，用户可以编辑自己的直播节目内容，也可以直接套用官方提供的直播间模板。在"节目列表"选项区中会显示已制作完成的直播节目和保存的草稿项目，用户可以对其进行二次编辑，或者在"我的直播间"页面中对节目进行编排和开播。

7.1.3　直播节目的创建与编排技巧

腾讯智影的数字人直播由多个独立的节目组成，每个节目可以专注于一个商品或多个商品的详细讲解。这些节目可以在不同的直播中循环使用，增加了内容的多样性和直播效率。

在"数字人直播"|"节目管理"页面的"新建节目"选项区中单击"新建空白节目"按钮，即可进入节目编辑器页面中创建节目，如图7-5所示。

图7-5　节目编辑器页面

在数字人直播功能的节目编辑器页面中，布局、主要区域和功能说明如下。

❶ 数字人编辑面板：可以设置数字人的节目驱动方式、更换数字人形象、调整播报内容和播报音色等。

❷ "生成预览视频"按钮：输入文本后，单击该按钮即可生成动态效果，让数字人形象产生动作，同时可以在右侧预览窗口中查看动态效果。

❸ PPT页面编辑区：可以添加多个PPT页面，将多个节目内容串联到一个节目中，实现直播节目时间的延长。另外，用户可以单击"高级编辑"按钮进入轨道剪辑器页面，对页面元素进行更精细的调整，如图7-6所示。

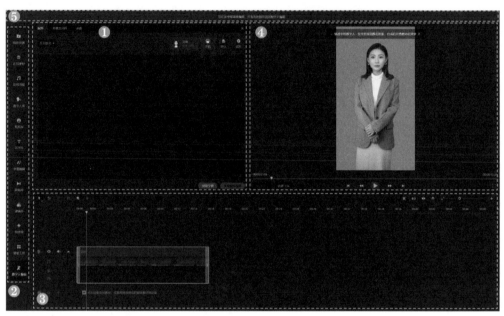

图7-6　轨道剪辑器页面

❹ 工具栏：可以对背景、贴纸、花字等内容进行设置，如果要精细化调整，则建议使用轨道剪辑器。

❺ "保存"按钮：节目编辑完成后，单击该按钮即可完成节目的制作。

图7-6所示的轨道剪辑器页面的布局、主要区域和功能说明如下。

❶ 数字人编辑面板：功能与节目编辑器页面的相同。

❷ 工具栏：功能比节目编辑器页面的工具栏更多，可以在直播节目内容中添加视频、图片、音乐、贴纸、花字等，让直播间的内容更丰富，同时还可以提升直播间的视觉效果。

❸ 轨道区：将数字人、画面元素可视化，通过轨道区，不仅可以对各元素进行编辑调整，还可以调整素材间的叠加关系与出现时机，以提高直播间的质量。

❹ 预览窗口：设置完数字人播报内容后，单击"生成预览视频"按钮，即可在预览窗口中查看动态效果，预览效果和节目的最终效果相同，确认无误后即可返回节目编辑器页面进行保存。

❺ 返回节目编辑器页面：单击轨道剪辑器页面顶部的链接，即可返回节目编辑器页面保存节目或进行其他编辑操作。

在节目编辑器页面的"配音"选项卡中单击输入框，弹出"数字人文本配音"对话框，如图7-7所示。

图7-7 "数字人文本配音"对话框

在"数字人文本配音"对话框的顶部，可以调整多音字、数字读数、插入停顿等，也可以调整数字人的音色和播报语速，确认效果后单击"保存并生成音频"按钮即可。需要注意的是，数字人节目的时长是根据内容的播报时长而延长的，单个画面支持5000字文本上限，超过5000字需新建页面续写。

7.1.4 直播数字人的形象和画面设置

在节目编辑器页面的"配音"选项卡中，单击"数字人切换"按钮，弹出"选择数字人"对话框，如图7-8所示。腾讯智影支持2D形象和3D形象，用户可以根据具体的直播需求，选择不同的数字人形象、服装和动作。

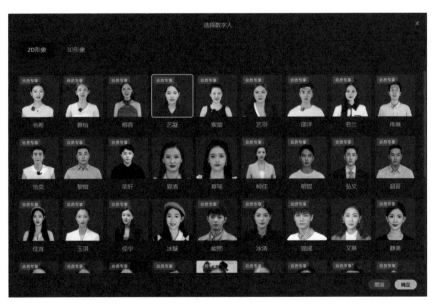

图7-8 "选择数字人"对话框

当用户输入了文本或音频后，即可给数字人添加动作。在节目编辑器页面中切换至"形象及动作"选项卡，可以设置数字人的服装样式、服装颜色和人物姿态，如图7-9所示。需要注意的是，仅部分数字人形象支持自定义的动作和服装。

┤ 专家提醒 ├

给数字人添加动作时要注意两点：添加动作的地方没有其他动作；添加动作后，数字人（轨道）的剩余时间要大于动作的演出时间。

在节目编辑器页面中切换至"画面"选项卡，可以调整数字人在直播间中的位置、大小、角度、色彩和展示方式等，如图7-10所示。另外，用户也可以直接在预览窗口中调整数字人的位置和大小。

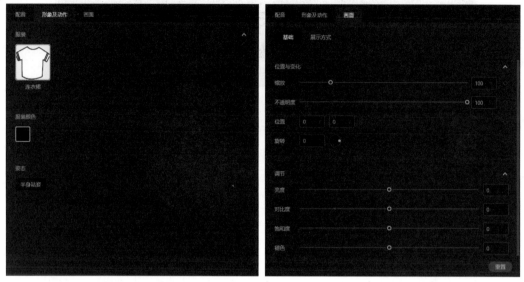

图7-9 "形象及动作"选项卡　　　　　图7-10 "画面"选项卡

7.1.5 串联多个直播节目生成直播间

在"数字人直播"页面的左侧导航栏中选择"我的直播间"选项，进入"我的直播间"页面，如图7-11所示。在此页面可以对制作好的节目进行串联，形成可以用于开播的直播节目单，并进入后续的开播流程。同时，用户还可以在该页面对新编节目单或已完成编排的节目单进行开播、修改、重命名等操作。

图7-11 "我的直播间"页面

依次单击"新建直播间"按钮和"添加节目"按钮，弹出"我的节目"对话框，选中需要串联的节目后，单击"选好了"按钮（见图7-12），即可形成节目单。在编排直播节目单时，用户可以选择"节目管理"页面中已制作完成的数字人直播节目，但需要注意，必须是已经单击"生成预览视频"按钮的包含动态效果的直播节目。

图7-12　单击"选好了"按钮

另外，在创建节目单时，可以绑定对应的互动问答库，以便在直播过程中进行使用。在"我的直播间"页面的底部单击"批量添加互动"按钮，弹出"一键添加互动"对话框（见图7-13），即可为所有直播节目统一配置互动问答库，在直播时可以开启互动触发。如果用户想针对节目单中的某一个节目增减触发的互动问答库，那么可以选中单个节目进行添加或删除互动操作。

图7-13　"一键添加互动"对话框

7.1.6　监测开播风险并设置直播类型

当用户制作好直播节目单并绑定互动问答库后，单击"去开播"按钮即可进入开播环节。开播前，系统会对编排的节目单进行监测，并提示开播风险，如图7-14所示。如果节目过于简陋，就会导致较高的平台惩罚风险，平台还会对节目总时长、互动问题数量等细节进行提醒。

图7-14　开播风险监测

单击"继续开播"按钮，弹出"请选择直播类型"对话框，如图7-15所示。选择"稳定开播模式"，可以降低对计算机内存的要求，在计算机配置不高的情况下，也可以让直播更稳定、不卡顿，但开播前的加载时间较长；选择"极速开播模式"，可以快速完成节目加载并进行开播，但对计算机的配置要求较高、内存容量占用较大，长时间直播容易卡顿。

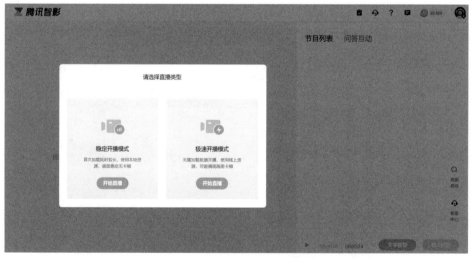

图7-15　"请选择直播类型"对话框

7.1.7　使用直播推流工具进行开播

腾讯智影的数字人直播功能是基于云端服务器实现的，它不具备本地直播推流工具，所以用户需要借助第三方直播推流工具在对应平台进行直播。用户也可以根据推流地址，自由选择开播平台，腾讯智影不限制直播平台。

用户可以进入直播界面，然后将浏览器窗口最大化，或者为直播页面建立一个单独的浏览器窗口（见图7-16），便于推流工具捕获直播窗口。

图 7-16 为直播页面建立一个单独的浏览器窗口

┤ 专家提醒 ├

当购买的数字人直播功能到期后，用户在其中创建的节目会一直保留在账号中。到期后虽然不能继续编辑节目和开播，但仍然可以查看节目内容。当用户再次开通数字人直播功能后，则可以继续使用其中的功能。

接下来我们打开相应直播平台（如抖音、快手、拼多多、淘宝等）的直播伴侣工具，或第三方的直播推流工具（如OBS）。以抖音的直播伴侣工具为例，用户可以在其中添加图片、贴纸等素材，并选择窗口捕获方式，来捕获腾讯智影的浏览器页面，同时将画面调整为只包含视频内容，此时即可显示数字人直播效果，如图 7-17 所示。

图 7-17 在抖音的直播伴侣工具中显示数字人直播效果

注意，用户需要将直播平台的麦克风音量关闭，然后单击"开始直播"按钮，直播开始后，单击浏览器中的播放按钮▶，即可使数字人自动进行直播。

当节目单中的直播节目（同一节目中的多个页面算一个节目）超过3小时，用户可以在直播过程中开启"随机播放视频"功能，如图7-18所示。这样将会在播放完节目后，随机播放下一个节目单中的内容。

图7-18　开启"随机播放视频"功能

7.1.8　通过互动问答库与观众互动

问答互动功能是通过用户选择相应的直播平台并输入网页版直播间的链接地址进行访问，直播方获取直播间的实时弹幕和用户行为等数据，并根据预设的触发条件回复文字、音频等内容的一种互动方式。

目前，腾讯智影的问答互动功能可以针对抖音、视频号、快手、淘宝等平台直播间的观众评论，设置触发条件并回复内容，如图7-19所示。

图7-19　腾讯智影的问答互动功能

用户可以进入"数字人直播"|"互动问答库"页面，对问答互动功能需要用到的预设触发条件和互动问答库进行编辑，如图7-20所示。先单击"添加问题库"按钮添加一个问题库，然后在问题库中单击"新建互动"按钮新建互动。添加新的问题库时，也可以选择预设的官方问题库，这样更加轻松、省力。

图7-20 "互动问答库"页面

设置完互动问答库后，在创建直播时将互动问答库和节目进行绑定，对应节目触发相应的互动问答库内容，可以批量针对节目单添加互动，也可以针对单个节目进行绑定。腾讯智影支持多种互动触发条件，用户可上传音频文件或直接输入文本。当直播过程中满足设定条件时，即可自动触发数字人的互动行为。

7.1.9 实时接管提高数字人直播互动性

实时接管是指在直播过程中用户可以随时"打断"正在播放的预设内容，插播临时输入的内容进行播报。这样既可以对观众的问题进行有针对性的解答，降低内容重复的风险，也能够有效提高数字人直播的互动性。

实时接管功能分为文本接管功能和真人接管功能（仅用于直播专业版）。开播后，用户单击右下角的"文本接管"按钮即可弹出接管文本的输入框，如图7-21所示。在其中实时输入文本内容，按【Enter】键确认，即可由数字人主播使用当前正在播报的数字人节目的音色，输出与文本对应的音频内容。

图7-21 弹出接管文本的输入框

开通直播专业版后，用户可以在直播过程中使用真人接管功能接管直播间。单次开启真人接管功能，最多可以保持该功能开启1小时。

开启真人接管功能后，将直播设备与麦克风进行连接，可以在直播过程中通过外部麦克风输入音频，同时会自动匹配数字人口型（时间为7～15秒），即通过音频驱动数字人进行播报，这样可以更加灵活地对直播间观众的提问进行回复。

7.2 数字人直播的注意事项和常见问题

相较于传统直播，数字人直播在互动性、趣味性和创新性等方面具有显著优势，能够为观众带来全新的观看体验。然而，作为一个新兴领域，数字人直播也存在一些问题和风险，需要引起用户的重视和关注。针对腾讯智影数字人直播功能的注意事项和常见问题，本节将逐一进行分析。

7.2.1 避免数字人直播的风险

使用数字人进行直播时，第一个注意事项就是它的风险问题。数字人直播和真人直播相同，都需要遵守所在直播平台的规则。不同直播平台的规则不同，如果直播内容、直播画面违反了平台规则，则会收到违规通知以及相应的处罚措施。

对于没有直播经验、不了解直播平台运营规范的用户来说，不建议轻易尝试数字人直播功能，因为风险较高。另外，对于抖音和视频号这两个支持问答互动功能的直播平台来说，循环播放的音频和视频内容，由于无法实时响应直播间的观众互动，因此很容易触发无人直播、录播等有关的监测机制，相关规避方法如下。

（1）调整账号运营策略。例如，新注册的小号没有流量，如果直接进行直播，就会导致数字人无法正常互动，直播效果不佳，并且观众数量增长较慢。因此，最好使用发布过一些内容并有"粉丝"基础的账号进行直播。

（2）合理安排直播内容的时长。对于丰富的直播内容，可以开启"随机播放视频"功能，并确保总时长在30分钟以上，以降低短时间内内容重复的概率。

（3）结合真人直播。在直播初期，可以选择真人主播出镜或开启真人接管功能，使开播初期的直播内容更加自然、灵动，并避免开播初期的官方审核。

（4）设置互动问题。建议至少设置10条以上的互动问题，涉及多个可能的关键词或直播间互动触发规则，使直播过程中的互动更加丰富，同时保证观众的提问可以得到及时回应。

（5）灵活运用接管功能。好的直播间需要助播和运营人员的监控和辅助，偶尔使用接管功能，打断数字人的直播节目进行接管回复，这样也可以降低被平台监测的风险。

（6）严格遵守平台规范。直播中，数字人只是一个工具，使用这个工具需要多方面的协作，但首先要遵守平台的规则和规范。

7.2.2 注意容易触犯的风险点

数字人直播不同于真人直播，它不仅上手门槛较高，而且很容易触犯平台规则，需要投入较高的试错成本。那么，如何才能降低数字人直播的试错成本呢？用户需要注意一些容易触犯的风险点，相关内容如图7-22所示。

图7-22 容易触犯的风险点

总之，如果用户的直播内容布局得当，数字人形象和姿态符合观众审美，同时拥有比普通直播间更专业的直播文案和市场前景广阔的产品，那么这样的直播间将成为一个优质的数字人直播间，为用户带来可观的收益。相反，如果用户在直播领域缺乏经验或对平台规则不了解，那么他们很容易受到平台的警告甚至被封号。因此，新手和缺乏经验的用户需要认真考虑自己是否适合使用数字人直播功能。

7.2.3 使用合适的数字人直播方式

数字人直播功能目前仅能替代真人在一些特定场景进行直播，还不能完全取代助播与账号运营的重要角色。尤其对于新手来说，想要快速掌握这项功能并不容易，需要具备多种能力。下面推荐几种适合使用数字人的直播方式，如图7-23所示。

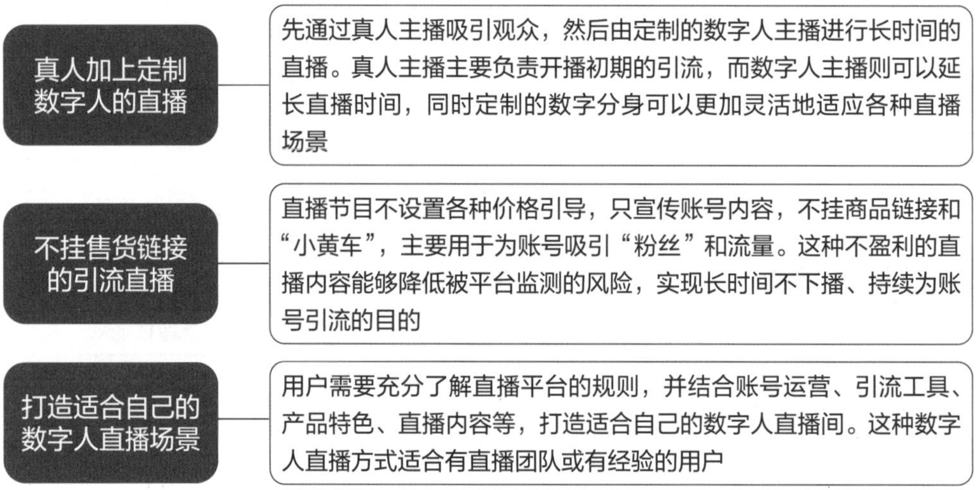

图7-23　适合使用数字人直播的方式

7.2.4　制作数字人直播节目时的常见问题

数字人直播节目的制作质量与直播效果息息相关，只有制作的节目内容符合直播平台的要求，才能让数字人直播之路更加顺畅，并取得良好的效果。下面总结了制作数字人直播节目时的一些常见问题，以帮助大家更好地使用数字人开播。

【问题1】能使用数字人播报功能中的模板作为直播节目吗？

【回答】数字人播报功能中的模板和直播节目不同，不能直接导入作为直播节目，用户必须在数字人直播功能中创建和编辑节目。

【问题2】如何下载使用数字人直播功能制作的节目？

【回答】使用数字人直播功能制作的内容为直播节目，不能直接下载视频，只能用于直播时窗口捕获的画面。如果用户需要制作视频，那么可以使用数字人播报功能进行制作，切勿使用其他工具录屏来下载数字人直播画面，这属于侵权行为。

【问题3】如何制作可以抠像的数字人节目，并结合实景摄像头进行直播？

【回答】如果用户使用的直播推流工具中有色度抠图功能，则只需要在制作直播节目时，切换至数字人编辑面板中的"画面"|"展示方式"选项卡，将"背景填充"设置为"图片"，并在"图片库"中选择一张纯绿色图片作为数字人背景，如图7-24所示。然后在直播推流工具中使用色度抠图功能对绿色部分进行抠除，使其成为透明背景即可。

【问题4】如何制作时间更长的数字人直播节目呢？

【回答】直播节目的编排方式与制作数字人视频的方式基本相同，用户可以选择使用输入文本或上传音频的方式来驱动数字人。要制作时间更长的直播节目，可以采用添加新页面继续输入内容的方式进行制作。注意，每做完一个直播节目后，都要单击下方的"生成预览视频"按钮，这样才会生成动态效果。

【问题5】制作直播节目时，数字人是静态的，如何生成动态效果并完成制作呢？

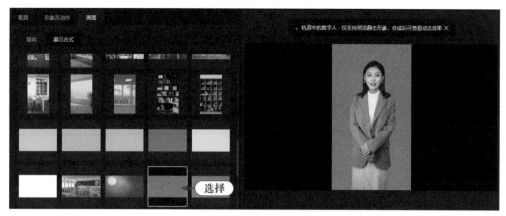

图 7-24　选择一张纯绿色图片作为数字人背景

【回答】在制作直播节目的内容时，数字人如果是静态的，仅可以试听音频效果，那么当用户确认内容编辑完成后，单击"生成预览视频"按钮即可生成动态效果。确认最终的呈现效果后，单击"保存"按钮即可完成这个节目的制作。如果生成预览效果后，用户对数字人播报内容进行了调整，那么还需要再次单击"生成预览视频"按钮来生成预览视频。

【问题 6】开播时数字人不动，怎么解决？

【回答】如果在开播时数字人没有动态效果，那么很可能是因为在制作直播节目时，没有生成动态视频，所以节目并未完成制作。此时，用户可以回到节目制作页面，对没有动态效果的节目进行调整后，单击"生成预览视频"按钮来生成动态效果。需要注意的是，生成动态效果需要一定的时间，用户只需耐心等待即可。

7.2.5　关于数字人直播互动功能的常见问题

在开始直播前，用户可以预先设置互动问答库，并设定相关的触发条件，如设置关键词或在线人数等，以便数字人在直播过程中自动回复观众的问题。关于数字人直播互动功能，常见的问题就是在开启互动后，直播间触发没有反应，其原因有以下几种。

（1）直播间链接输入错误：检查链接是否正确，不同平台的直播间链接格式不同，如抖音和快手需要的是网页版链接，视频号需要的是直播间的名称，淘宝需要的是手机端淘宝 App 直播间的完整分享口令。

（2）没有将互动问答库与节目绑定：在创建直播并添加节目时，需要将互动问答库与节目进行绑定，并单击"开始直播"按钮。

（3）互动问答库触发条件设置错误：关键词设置可能有误，也可能设置了多个关键词但没有按【Enter】键隔开，或者触发条件（如在线人数必须达到设定数量才会触发）过于苛刻。

（4）直播节目的时间太短：互动触发间隔默认是 30 秒，如果节目时长低于 3 分钟，则不会触发互动问答。

（5）开启互动的顺序错误：在直播间开启 3～5 分钟后，正确填写直播间的名称、链接，再单击"开启互动"按钮。另外，单击"开启互动"按钮后如果显示在排队中，则可能是因为直播间地址设置错误，应输入正确的直播间网页链接地址。

（6）直播间设置为部分可见：如果将直播平台的直播间设置为部分可见，就不能触发回复了。

（7）错误关闭直播互动：短时间内关闭前一个同样内容的直播间（如关闭浏览器窗口或整个浏览器），会影响当前直播间的互动功能。正确的做法是等待 5 分钟或正常关闭前一个直播间后，再开启新的直播间。

7.2.6　数字人直播节目开播中的常见问题

使用数字人直播节目开播时，对网速和计算机运行内存都有一定的要求。另外，显示器的分辨率也会影响直播画面的清晰度。下面总结了数字人直播节目开播时的一些常见问题，这些问题可能会影响直播效果。

【问题 1】可以同时推流到多个直播平台吗？

【回答】不建议在同一台设备上同时进行多个平台的直播。因为直播推流工具同时运行于多个平台时会占用大量内存，导致计算机卡顿，使得直播无法进行。此外，数字人直播间在开播过程中只能对一个平台的弹幕、评论进行触发问答互动。如果需要实现在多个平台同时开播，那么建议用户购买"企业版 + 直播功能"的组合套餐。

【问题 2】为什么开播后直播数字人的画面非常卡顿？

【回答】这可能是由于计算机配置过低或浏览器兼容性差导致的，可以尝试清除浏览器缓存、更换浏览器或者提高计算机配置来解决这个问题。

【问题 3】推流到直播平台开播后，画面为什么非常模糊？

【回答】这可能是由于第三方推流工具的分辨率设置不当或设备屏幕分辨率过低导致的，可以尝试提高设备屏幕分辨率、调整画面设置或更换更高分辨率的计算机显示器来解决这个问题。另外，如果将数字人的形象和背景分离进行后期合成，也可以提高画面的清晰度。

本章小结

本章主要向读者介绍了使用腾讯智影实现数字人实时直播的相关知识，如开通数字人直播功能的方法、数字人直播功能的页面介绍、直播节目的创建与编排技巧、直播数字人的形象和画面设置、通过互动问答库与观众互动、采用实时接管的方式来提高数字人直播的互动性、数字人直播中的注意事项和常见问题等内容。通过对本章的学习，读者能够更好地掌握使用数字人直播的技巧。

课后习题

鉴于本章知识的重要性，为了帮助读者更好地掌握所学知识，本节将通过课后习题，帮助读者进行简单的知识回顾。

1. 腾讯智影数字人直播功能中的实时接管功能有什么作用？

2. 在开启互动后，直播间触发没有反应的原因有哪些？

第8章

CHAPTER
08

视频博主数字人实战：
《无人机航拍攻略》

本 章 导 读

　　近年来，短视频行业呈现出爆发式增长，短视频成了一种广受欢迎的内容形式，并逐渐取代长视频成为人们获取信息的主要途径。数字人可以变身为视频博主，被轻松打造成不同风格的虚拟"网红"形象。本章主要通过一个综合实例，介绍使用剪映制作视频博主数字人的实战技巧。

8.1　生成与编辑数字人

　　数字人作为视频博主时，可以为观众带来更加丰富的视觉体验，还可以快速引流、吸粉，在短视频行业获得更多收益。本节将介绍使用剪映快速生成与编辑数字人的相关技巧。

8.1.1　生成数字人

　　用户在通过剪映创建数字人之前，首先要添加一个文本素材，才能看到数字人的创建入口，具体操作方法如下。

　　1 打开剪映软件，进入首页界面，单击"开始创作"按钮，如图8-1所示。

图8-1　单击"开始创作"按钮

　　2 执行操作后，即可新建一个草稿并进入剪映的视频创作界面。切换至"文本"功能区，在"新建文本"选项卡中单击"默认文本"右下角的"添加到轨道"按钮■，添加一个默认文本素材。此时可以在操作区中看到"数字人"标签，单击该标签切换至"数字人"操作区，选择相应的数字人后，单击"添加数字人"按钮，如图8-2所示。

　　3 执行操作后，即可将所选的数字人添加到时间线窗口的轨道中，并显示相应的渲染进度，如图8-3所示。数字人渲染完成后，选中文本素材，单击"删除"按钮■将其删除即可。

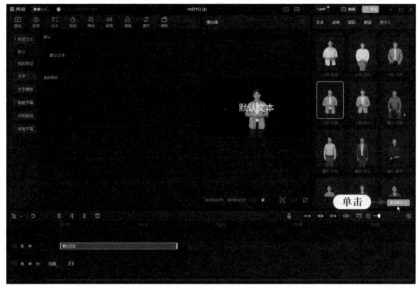

图8-2　单击"添加数字人"按钮

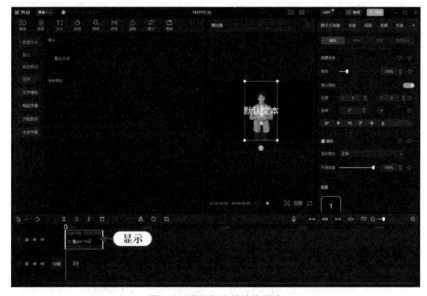

图8-3　显示相应的渲染进度

┤ 专家提醒 ├

　　在"数字人形象"操作区中，切换至"景别"选项卡，可以改变数字人在视频画面中的景别，包括远景、中景、近景和特写4种类型。

8.1.2　生成智能文案

　　使用剪映的智能文案功能，可以一键生成数字人的视频文案，为用户节省大量的时间和精力，具体操作方法如下。

1 选择视频轨道中的数字人素材，切换至"文案"操作区，单击"智能文案"按钮，如图8-4所示。

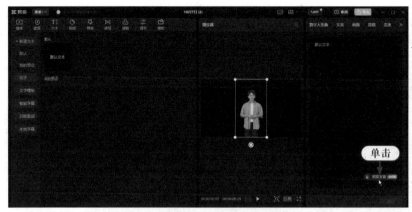

图8-4 单击"智能文案"按钮

2 执行操作后，弹出"智能文案"对话框，单击"写口播文案"按钮，确定要创作的文案类型，如图8-5所示。

3 在文本框中输入相应的文案要求，如"写一篇无人机航拍技巧的文章，300字左右"，如图8-6所示。

图8-5 单击"写口播文案"按钮

图8-6 输入相应的文案要求

—｜ 专家提醒 ｜—

在"智能文案"对话框中，单击"写营销文案"按钮，输入相应的产品名称和卖点，可以一键生成营销文案。

4 单击"发送"按钮，剪映即可根据用户输入的文案要求生成对应的文案内容，如图8-7所示。

5 单击"下一个"按钮，剪映会重新生成文案内容，如图8-8所示。当生成满意的文案后，单击"确认"按钮即可。

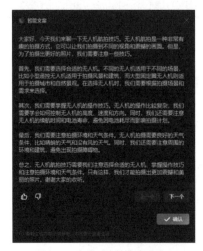

图8-7 生成对应的文案内容

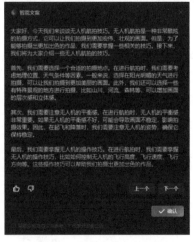

图8-8 重新生成文案内容

6 执行操作后，即可将智能文案填入"文案"操作区中，如图8-9所示。

7 对文案内容进行适当删减和修改，单击"确认"按钮，如图8-10所示。

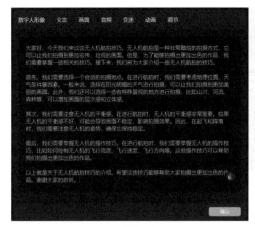
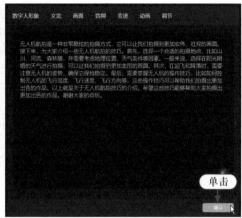

图8-9　填入"文案"操作区中　　　　　　　　图8-10　单击"确认"按钮

8 执行操作后，即可自动更新数字人音频，并完成数字人轨道的渲染，如图8-11所示。

图8-11　完成数字人轨道的渲染

8.1.3　美化数字人形象

使用剪映的美颜美体功能，可以对数字人的面部和身体等各种细节进行调整和美化，以达到更好的视觉效果，具体操作方法如下。

1 选择视频轨道中的数字人素材，切换至"画面"操作区中的"美颜美体"选项卡。选中"美颜"复选框，剪映会自动选中人物脸部，然后设置"磨皮"为25，"美白"为12，如图8-12所示。"磨皮"主要是为了降低图片的粗糙程度，使皮肤看起来更加光滑；"美白"主要是为了调整肤色，使皮肤看起来更白皙。

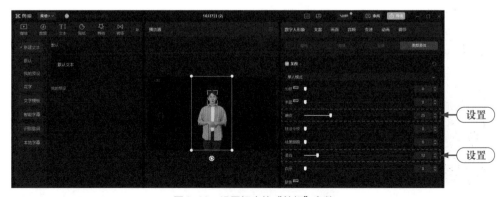

图8-12　设置相应的"美颜"参数

2 在"美颜美体"选项卡的下方选中"美体"复选框，设置"瘦身"为66，使数字人的身材变得更加苗条，如图8-13所示。

图8-13 设置相应的"美体"参数

┤ 专家提醒 ├

通过剪映的美颜美体功能，用户可以轻松地调整和改善数字人的形象，包括美化面部、改变身材比例等。这些功能为数字人的制作提供了更多样化的美化工具和编辑工具，能够让数字人更具吸引力和观赏性。

8.2 优化数字人视频效果

做好数字人的播报内容并调整好人物形象后，用户还可以通过剪映来制作数字人视频的背景画面、同步字幕、背景音乐等，以进一步优化数字人视频效果，并方便快捷地制作出高质量的数字人视频作品。

8.2.1 制作数字人背景效果

剪映中有很多内置的数字人背景素材，而且用户还可以给数字人添加自定义的背景效果，具体操作方法如下。

1 切换至"媒体"功能区，在"本地"选项卡中单击"导入"按钮，如图8-14所示。

2 执行操作后，弹出"请选择媒体资源"对话框，选择相应的背景图片，如图8-15所示。

图8-14 单击"导入"按钮

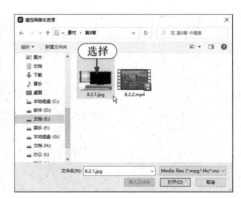

图8-15 选择相应的背景图片

3 单击"打开"按钮，即可将背景图片导入"媒体"功能区中。单击背景图片右下角的"添加到轨道"按钮 ，将素材添加到主轨道中，并适当调整背景图片的时长，使其与数字人的时长一致，如图8-16所示。

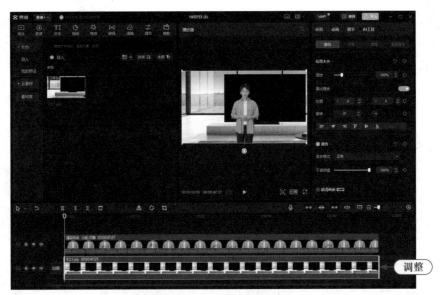

图8-16　适当调整背景图片的时长

8.2.2　添加无人机视频素材

除了添加图片素材，用户还可以在剪映中导入视频素材，使其与数字人相结合，以丰富画面内容，具体操作方法如下。

1 使用上一小节的操作方法，在"媒体"功能区中导入一个无人机的视频素材，并将其拖曳至画中画轨道中，如图8-17所示。

图8-17　将无人机视频素材拖曳至画中画轨道中

2 将主轨道中的背景图片的时长调整为与无人机视频素材的一致。选择数字人素材，切换至"变速"操作区，在"常规变速"选项卡中将时长设置为与无人机视频素材的一致，如图 8-18 所示。

图 8-18　调整数字人素材的时长与无人机视频素材的一致

3 选择画中画轨道中的无人机视频素材，切换至"画面"操作区的"基础"选项卡，在"位置大小"选项区中设置"缩放"为 64%，"位置 X"为 636，"位置 Y"为 275，适当调整无人机视频素材在画面中的大小和位置，如图 8-19 所示。

图 8-19　调整无人机视频素材在画面中的大小和位置

4 选择数字人素材，设置"位置X"为-1265，"位置Y"为0，适当调整数字人在画面中的位置，如图8-20所示。

图8-20 调整数字人在画面中的位置

8.2.3 给数字人视频添加同步字幕

使用剪映的智能字幕功能，可以一键给数字人视频添加同步字幕效果，具体操作方法如下。

1 切换至"文本"功能区，单击"智能字幕"按钮，如图8-21所示。

2 执行操作后，切换至"智能字幕"选项卡，单击"识别字幕"选项区中的"开始识别"按钮，如图8-22所示。

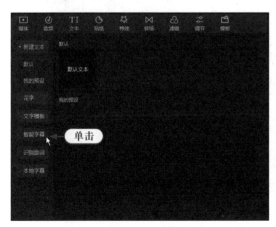

图8-21 单击"智能字幕"按钮

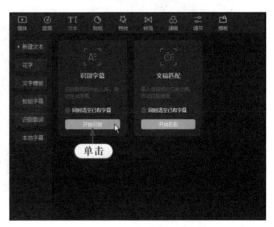

图8-22 单击"开始识别"按钮

3 执行操作后，即可自动识别数字人素材中的文案，并生成字幕，然后适当调整字幕在画面中的位置，如图8-23所示。

图8-23　调整字幕在画面中的位置

4 切换至"文本"操作区的"花字"选项卡，选择一个花字样式，即可改变字幕效果，如图8-24所示。

图8-24　选择一个花字样式

5 切换至"动画"操作区的"入场"选项卡，选择"打字机Ⅳ"选项，并将"动画时长"调整为1.0s，给字幕添加入场动画效果，如图8-25所示。

图8-25　给字幕添加入场动画效果

6 使用相同的操作方法，给其他字幕均添加"打字机Ⅳ"入场动画效果，如图8-26所示。

图8-26　给其他字幕添加入场动画效果

8.2.4　添加片头和贴纸效果

给数字人视频添加片头和贴纸效果，不仅可以突出视频的主题，还可以通过贴纸来和观众互动，从而吸引更多人的关注，具体操作方法如下。

1 在"文本"功能区中切换至"文字模板"|"片头标题"选项卡，选择一个合适的片头标题模板，单击"添加到轨道"按钮 ⊙，将其添加到轨道中，并适当修改文本内容，如图8-27所示。

图8-27　添加片头标题模板并修改文本内容

2 在"贴纸"功能区中切换至"界面元素"选项卡，选择相应的录制标签贴纸，单击"添加到轨道"按钮 ⊙，将其添加到轨道中。将贴纸的时长调整为与主轨道的一致，并在"播放器"窗口中适当调整贴纸的位置和大小，如图8-28所示。

图8-28　调整贴纸的位置和大小

3 将时间轴拖曳至最后一个字幕素材的开始位置,在"贴纸"功能区中切换至"互动"选项卡,选择相应的贴纸,单击"添加到轨道"按钮■,将其添加到轨道中,然后适当调整贴纸的位置、大小和时长,如图8-29所示。

图8-29　调整贴纸的位置、大小和时长

8.2.5　添加背景音乐

给数字人视频添加背景音乐,可以提升视频的感染力和观看体验,具体操作方法如下。

1 在时间线窗口中,单击画中画轨道前的"关闭原声"按钮,将无人机视频中的声音关闭,如图8-30所示。

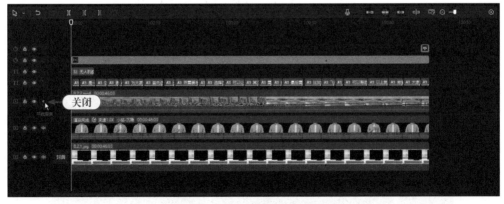

图8-30　将无人机视频中的声音关闭

2 切换至"音频"功能区的"音频提取"选项卡,单击"导入"按钮,如图8-31所示。

3 执行操作后,弹出"请选择媒体资源"对话框,选择相应的音频素材,如图8-32所示。

图8-31　单击"导入"按钮

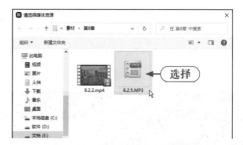

图8-32　选择相应的音频素材

4 单击"打开"按钮，即可提取音频文件。单击提取音频文件右下角的"添加到轨道"按钮 ，将提取的音频素材添加到轨道中，如图8-33所示。

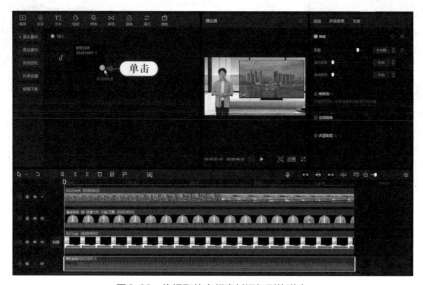

图8-33　将提取的音频素材添加到轨道中

5 选择提取的音频素材，在"基础"操作区中设置"音量"为-8dB，"淡入时长"为1.0s，"淡出时长"为1.0s，适当降低背景音乐的音量，并添加淡入和淡出效果，如图8-34所示。

图8-34　设置提取音频的效果

专家提醒

在音频编辑中,淡入和淡出是常见的音频效果,可以用来调整音频的起始和结束部分。淡入是指音频从无声渐渐到最大音量的过程,而淡出是指音频从最大音量渐渐到无声的过程。

6 在"播放器"窗口中单击播放按钮▷,即可预览数字人视频效果,如图8-35所示。

图8-35 预览数字人视频效果

第9章

CHAPTER 09

营销推广数字人实战：
《小红书好物"种草"》

🔹本🔹章🔹导🔹读🔹

在当今竞争激烈的商业环境中，虚拟数字人为营销推广提供了全新的视角和思路。例如，在小红书等线上平台中，虚拟数字人可以作为带货达人，为消费者提供个性化的购物建议。本章主要通过一个综合实例，介绍使用ChatGPT＋腾讯智影制作营销推广数字人的实战技巧。

9.1 生成AI文案与数字人

本节先使用ChatGPT生成数字人的口播文案，然后通过文本来驱动腾讯智影数字人，为数字人注入生动有趣的内容，并让数字人更加符合观众的喜好，同时为短视频带货增添无限可能。

9.1.1 使用 ChatGPT 生成文案

ChatGPT是一种大型语言模型，它具有出色的自然语言生成和理解能力。在ChatGPT中，用户可以通过输入一个聊天会话的提示词，让ChatGPT模仿小红书平台的文案风格来介绍一款产品，具体操作方法如下。

1 在ChatGPT的对话窗口中输入相应的提示词，让ChatGPT充当带货主播的角色，并给出具体的内容主题，如图9-1所示。

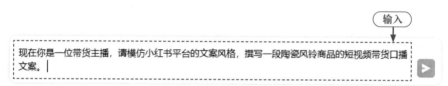

图9-1 输入相应的提示词

2 按【Enter】键确认，ChatGPT即可模仿小红书的风格生成文案，具体内容如下。

> 大家好，我是今天的带货主播，为大家介绍一款超可爱的陶瓷风铃！ 🎐
>
> 这款风铃不仅是装饰，而且是一份心意的表达。它由精致的陶瓷制成，质感十足，手感超好！轻轻一摆动，清脆的铃声瞬间治愈你的疲惫心情，仿佛置身于仙境中！ ✨
>
> 陶瓷风铃的设计充满文艺范儿，简洁大方，适合各种场合。不管是挂在家里的窗前、阳台上，还是送给亲朋好友，都是一份别具新意的礼物 🎁。
>
> 它还有一个小小的惊喜！风铃下方的小陶瓷鱼儿，象征着好运与财富，可以为你的生活增添一丝乐观与希望。
>
> 现在就下单，让这款陶瓷风铃成为你生活中的小小幸福。快来把它带回家，让它每天都能陪伴你！ 🏠
>
> 不要错过这个机会哦，赶快点击下方链接抢购吧！还有超多颜色可选，其中一定有一款适合你的风格。记得点赞、分享、关注哦！一起分享这份美好吧。
>
> 链接在下方，快来选购吧！ 👇
>
> #小红书带货 #陶瓷风铃 #生活美学

3 对提示词进行适当修改，补充一些商品的亮点，让ChatGPT生成更加符合需求的短视频文案，相关指令和ChatGPT回复的内容如下。

> 问　现在你是一位带货主播，你需要根据我给出的商品信息，模仿小红书平台的文案风格，撰写一段200字左右的短视频带货口播文案。
> 你需要放大商品的亮点价值，激发客户的购买欲。
> 接下来是这款商品的信息：
> 商品名称：陶瓷风铃；
> 商品亮点：陶瓷工艺、手工制作、色彩鲜艳、可爱别致、铃声清脆。

> 嗨，亲爱的小仙女们！今天我给大家带来一款超级可爱的小物件——陶瓷风铃！✨
>
> 这款陶瓷风铃不仅是一件装饰品，更是一份艺术的享受。每个陶瓷风铃都经过精湛的手工制作，其色彩鲜艳、可爱别致，散发着浓郁的艺术气息。你不仅可以把它挂在窗边、庭院中，还可以放在书桌上。风铃随风轻摆，带来温馨的感觉。
>
> 最特别的是，它的铃声清脆悦耳，一阵风吹过，仿佛有精灵在轻轻低语。风铃的每一次响声都能让你心情愉悦，瞬间放松身心。
>
> 这个季节，就让陶瓷风铃为你的生活增添一份温暖和艺术感吧！快来把它带回家，让它陪伴你，装点你的小世界吧！点击链接，立即购买！🛍️✨ #小红书带货# #陶瓷风铃# #温馨装饰#

9.1.2　选择合适的数字人模板

腾讯智影内置了很多营销推广类的数字人模板，用户可以根据自己的需求和商品特点选择合适的模板，具体操作方法如下。

1 进入腾讯智影的"创作空间"页面，单击"数字人播报"选项区中的"去创作"按钮，如图9-2所示。

图9-2　单击"去创作"按钮

2 执行操作后，进入数字人播报功能页面，展开"模板"面板，切换至"竖版"选项卡，如图9-3所示。

图9-3 切换至"竖版"选项卡

3 执行操作后,选择"新品推荐"模板,单击其预览图右上角的 按钮,弹出"使用模板"对话框,单击"确定"按钮,如图9-4所示。

图9-4 单击"确定"按钮

4 执行操作后,即可替换当前轨道中的模板,然后删除不需要的文字元素,如图9-5所示。该模板以数字人的形式发布新品,不仅可以介绍新品的卖点和特色,还可以在视频中介绍新品的外观、性能、价格等信息,激发观众的购买欲望。

图9-5　替换当前轨道中的模板并删除不需要的文字元素

9.1.3　使用文本驱动数字人

使用ChatGPT获得满意的文案后，我们还可以对其内容进行适当删减和修改，从而更好地驱动数字人。下面介绍使用文本驱动数字人的操作方法。

1 在编辑区的"播报内容"选项卡中清空模板中的文字内容，然后单击"导入文本"按钮，导入整理好的文本内容，如图9-6所示。

2 将光标定位到文中需要停顿的位置，单击"插入停顿"按钮，插入0.5秒的停顿标记，如图9-7所示。

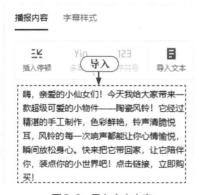

图9-6　导入文本内容

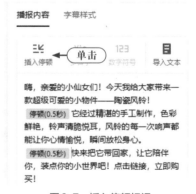

图9-7　插入停顿标记

3 在"播报内容"选项卡底部单击选择音色按钮 娱小影 1.0x，弹出"选择音色"对话框，在其中对场景（新闻资讯）和性别（女生）进行筛选，选择一个合适的女声，并使用"开心"的语调，然后单击"确认"按钮，如图9-8所示。

选择音色

图9-8 单击"确认"按钮

4 执行操作后,即可修改数字人的音色,单击"保存并生成播报"按钮,即可根据文字内容生成相应的语音播报,如图9-9所示。同时,数字人轨道的时长也会根据文本配音的时长而改变。

图9-9 根据文字内容生成相应的语音播报

9.2 编辑数字人视频内容

本节主要对数字人的形象和视频内容进行编辑,同时修改其中的文字内容,并添加合适的背景音乐,让营销推广视频更有吸引力。

9.2.1　调整数字人的外观形象

腾讯智影提供了多种数字人形象编辑工具，可以帮助用户实现对数字人形象的快速定制和优化。下面介绍调整数字人外观形象的操作方法。

1 在预览区中选择数字人，在编辑区的"数字人编辑"选项卡中选择相应的服装，即可调整数字人的服装效果，如图9-10所示。

图9-10　调整数字人的服装效果

┥ 专家提醒 ┝

腾讯智影提供了丰富的数字人形象供用户选择，并将持续更新。在2D数字人中，用户可以选择"依丹""蓓瑾""静芙""云燕"等进行动作设置；在3D数字人中，用户可以选择"智能动作"形象，由系统根据文案内容智能插入匹配的动作。

---

2 在编辑区中切换至"画面"选项卡，设置"X坐标"为136，"Y坐标"为18，"缩放"为90%，调整数字人的位置和大小，给商品视频留出更多的空间，如图9-11所示。

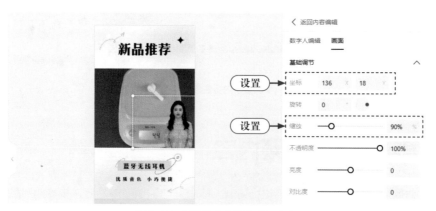

图9-11　调整数字人的位置和大小

9.2.2 更换模板中的视频内容

用户可以上传自定义的商品视频,以替换模板中的视频,具体操作方法如下。

1 在预览区中选择视频素材,在编辑区的"视频编辑"选项卡中单击"替换素材"按钮,如图9-12所示。

图9-12 单击"替换素材"按钮

2 执行操作后,即可展开"我的资源"面板,单击"本地上传"按钮,如图9-13所示。

图9-13 单击"本地上传"按钮

3 执行操作后，弹出"打开"对话框，选择相应的视频素材后单击"打开"按钮，即可上传视频素材。在"视频"选项卡中选择上传的视频素材，即可替换模板中的视频，如图9-14所示。

图9-14　替换模板中的视频

9.2.3　更改模板中的文字内容

数字人模板中自带了一些文字元素，用户可以根据营销推广视频的需求，更改其中的文字内容，具体操作方法如下。

1 在预览区中选择相应的文本，然后在编辑区的"样式编辑"选项卡中适当修改文本内容，并设置合适的字体、颜色和字号，如图9-15所示。

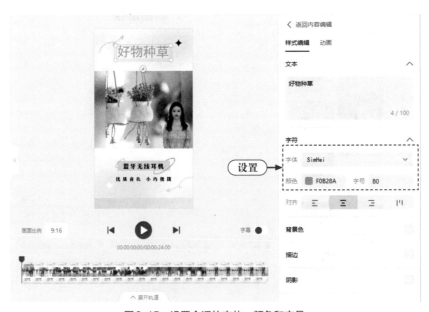

图9-15　设置合适的字体、颜色和字号

2 选中"阴影"复选框，设置合适的颜色，并将"不透明度"设置为50%，为文字添加阴影效果，如图9-16所示。

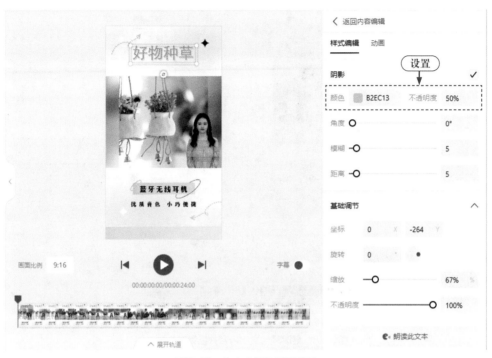

图9-16　为文字添加阴影效果

3 切换至"动画"选项卡，在"进场"选项区中选择"放大"选项，即可给所选文本添加一个逐渐放大的进场动画效果，如图9-17所示。

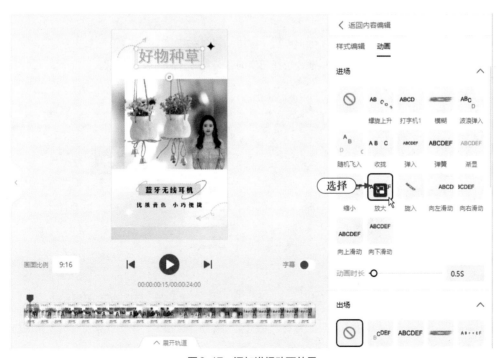

图9-17　添加进场动画效果

4 使用相同的操作方法，更改数字人模板中的其他文字内容，并设置其字体效果，如图9-18所示。

图9-18　更改其他文字内容并设置字体效果

9.2.4　上传并添加背景音乐

给营销推广的数字人视频添加合适的背景音乐，可以更好地配合视频的画面，提升观看体验，具体操作方法如下。

1 展开"我的资源"面板，单击"本地上传"按钮，如图9-19所示。

2 执行操作后，弹出"打开"对话框，选择相应的音频素材，如图9-20所示。

图9-19　单击"本地上传"按钮

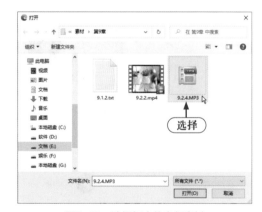

图9-20　选择相应的音频素材

3 单击"打开"按钮，即可上传音频素材。切换至"音频"选项卡，单击音频素材右上角的按钮，可以将音频素材添加到轨道区中，如图9-21所示。

图9-21 将音频素材添加到轨道区中

4 选择轨道区中的音频素材，在编辑区的"音频编辑"选项卡的"音频"选项区中设置"音量"为30%，适当降低音量，并将音频素材的时长调整为与数字人的一致，如图9-22所示。

图9-22 调整音频素材的时长

9.2.5 给视频添加风铃音效

为数字人视频添加音效时，需要确定好音效出现的时间点。用户可以先试听音效，再在需要出现音效的地方暂停视频，然后将音效拖曳到轨道区的相应位置即可，具体操作方法如下。

1 在"音乐"面板中切换至"音效"选项卡，然后在搜索框中输入"风铃"，如图9-23所示。按【Enter】键确认即可搜索到相应的音效。

2 单击音效中的播放按钮 ♪，即可试听音效，如图9-24所示。

图9-23　输入"风铃"　　　　　　　图9-24　试听音效

3 单击音效右侧的 ⊕ 按钮，即可将其添加到轨道区中，如图9-25所示。

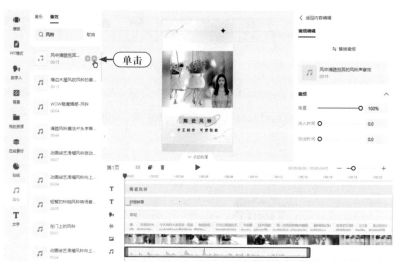

图9-25　将音效添加到轨道区中

4 按住音效素材并拖曳，调整音效在轨道区中出现的位置，然后适当调整其持续时长，如图9-26所示。

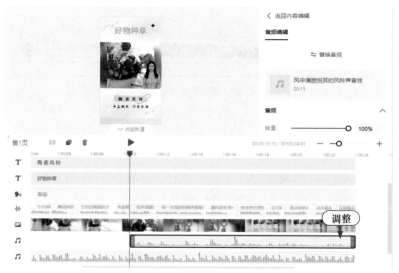

图9-26　调整音效在轨道区中出现的位置和持续时长

5 收起轨道区，单击播放按钮▶，即可预览做好的数字人视频效果，如图9-27所示。

图9-27 预览数字人视频效果

第10章

教育培训数字人实战：
《虚拟数字人小课堂》

本章导读

　　虚拟数字人以其独特的优势，为教育培训领域带来了新的机遇和挑战。虚拟数字人可以根据学生的学习进度和需求，提供个性化的学习计划和难点解析。本章将通过一个综合实例，介绍使用腾讯智影制作教育培训数字人的实战技巧。

10.1 制作数字人视频的主体内容

　　本节主要介绍教育培训数字人视频的主体内容的制作方法，共包括5个数字人片段，具体包括设置数字人形象、使用文本驱动数字人等操作，力求帮助大家更好地制作数字人视频，提高教学质量。

10.1.1 制作第1个数字人片段

　　在制作教育培训数字人视频时，首先需要确定数字人的形象，包括外貌、着装、位置等。数字人的形象应该简洁明了、专业可靠，这样可以让学生更加信任并愿意接受数字人的教学方式。下面介绍制作第1个数字人片段的操作方法。

1 进入腾讯智影的"创作空间"页面，单击"智能小工具"选项区中的"视频剪辑"按钮，如图10-1所示。

图10-1　单击"视频剪辑"按钮

┤ 专家提醒 ├

　　在腾讯智影的视频剪辑页面中，支持本地上传素材和手机上传素材，用户也可以直接查看已经保存在"我的资源"面板中的素材。单击"我的资源"面板右下角的"录制"按钮，即可启用录制功能，支持"录屏""录音""录像"3种录制方式。例如，使用录屏功能可以轻松实现对屏幕画面和声音的录制，该功能对于制作教育培训视频非常有帮助。

2 执行操作后，进入腾讯智影的视频剪辑页面，在左侧工具栏中单击"数字人库"按钮，如图10-2所示。

图10-2 单击"数字人库"按钮

3 执行操作后，即可展开"数字人库"面板，在"2D数字人"选项卡中，选择数字人"云燕"，单击"添加到轨道"按钮 **+**，如图10-3所示。

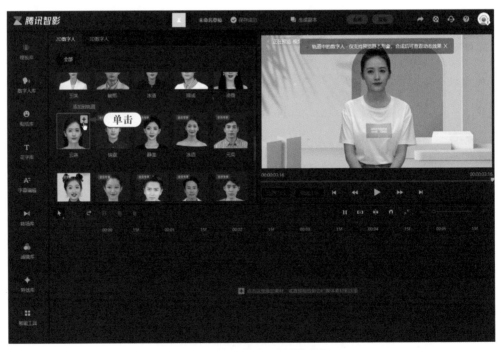

图10-3 单击"添加到轨道"按钮

4 执行操作后，即可将数字人添加到轨道区中。在"数字人编辑"面板的"配音"选项卡中，默认设置为"文本驱动"方式，单击其中的文本框，如图10-4所示。

图 10-4　单击"配音"选项卡中的文本框

5 执行操作后，弹出"数字人文本配音"对话框，输入相应的文案，作为数字人的播报内容，如图 10-5 所示。在该对话框中，单击"试听"按钮，可以试听数字人的播报效果。

6 单击"保存并生成音频"按钮，即可生成相应的数字人同步配音内容，如图 10-6 所示。

图 10-5　输入相应的文案

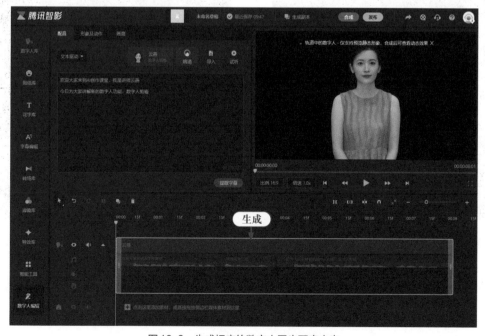

图 10-6　生成相应的数字人同步配音内容

7 在"数字人编辑"面板中切换至"形象及动作"选项卡，在"服装"选项区中选择"T恤2"选项，如图10-7所示。

8 执行操作后，即可改变数字人的服装效果，如图10-8所示。

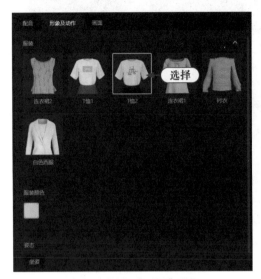

图10-7 选择"T恤2"选项

图10-8 改变数字人的服装效果

9 在"数字人编辑"面板中切换至"画面"选项卡，在"位置与变化"选项区中设置"位置X"为-338，"位置Y"为0，如图10-9所示。

10 执行操作后，即可改变数字人在画面中的位置，如图10-10所示。

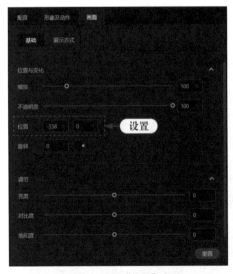

图10-9 设置"位置"参数

图10-10 改变数字人在画面中的位置

10.1.2 制作第2个数字人片段

后面的数字人片段基本与第1个数字人形象相同，因此用户在制作时可以通过复制的方法来快速完成，具体操作方法如下。

1 在视频剪辑页面的轨道区中,选择第1个数字人片段,然后单击"复制"按钮□,如图10-11所示。

图10-11 单击"复制"按钮

2 执行操作后,即可复制一个数字人片段,如图10-12所示。

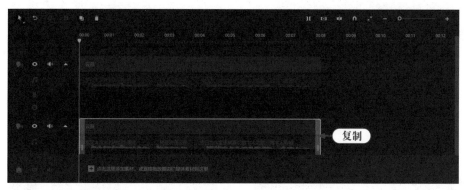

图10-12 复制一个数字人片段

3 按住复制的数字人片段并拖曳,将其移动至第1个数字人片段的后方,如图10-13所示。

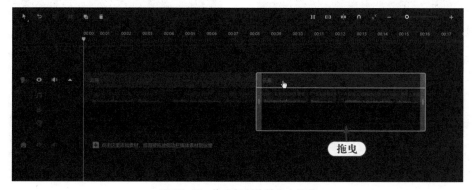

图10-13 拖曳复制的数字人片段

4 单击"配音"选项卡中的文本框，弹出"数字人文本配音"对话框，然后输入相应的文案，作为数字人的播报内容，如图10-14所示。

5 单击"保存并生成音频"按钮，即可生成相应的数字人同步配音内容，如图10-15所示。

图 10-14　输入相应的文案

图 10-15　生成相应的数字人同步配音内容

6 切换至"画面"选项卡，在"位置与变化"选项区中设置"缩放"为50%，"位置X"为425，"位置Y"为180，如图10-16所示。

7 执行操作后，即可改变数字人在画面中的大小和位置，如图10-17所示。

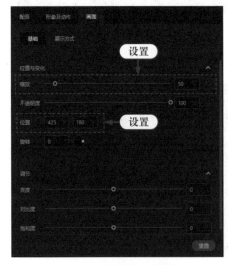

图 10-16　设置相应参数

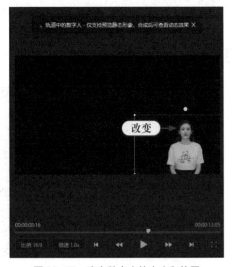

图 10-17　改变数字人的大小和位置

8 切换至"展示方式"选项卡，选择圆形展示方式，如图 10-18 所示。

9 执行操作后，即可改变数字人的展示效果，然后适当调整圆形的大小和位置，如图 10-19 所示。

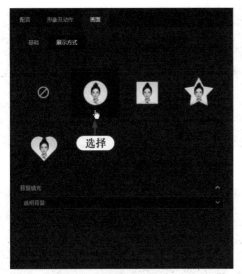

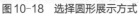

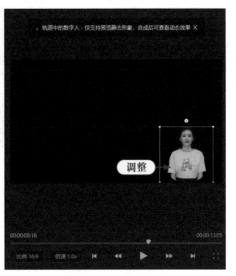

图 10-18　选择圆形展示方式　　　　　　　图 10-19　调整圆形

10 在"展示方式"选项卡下方的"背景填充"下拉列表中，选择"图片"选项，展开"图片库"选项区，选择相应的背景图片，如图 10-20 所示。

11 执行操作后，即可改变数字人的背景填充效果，如图 10-21 所示。

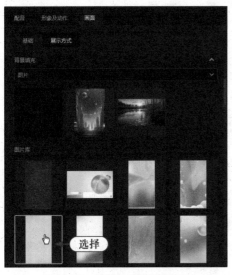

图 10-20　选择相应的背景图片　　　　　　图 10-21　改变数字人的背景填充效果

10.1.3　制作第 3 个数字人片段

在制作数字人的过程中，一般会采用文本驱动的方式，将需要教学的文本内容与数字人的动作、语音和表情等结合，让数字人能够在准确的时间点进行相应的表达。下面介绍第 3 个数字人片段的制作方法，主要更换了文字内容，其他设置基本与第 2 个数字人片段一致，具体操作方法如下。

1 在视频剪辑页面的轨道区中选择第 2 个数字人片段，单击"复制"按钮，复制第 2 个数字人片段，并适当调整其在轨道区中的位置，如图 10-22 所示。

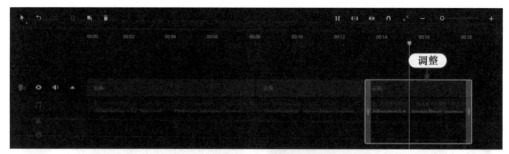

图 10-22　复制并调整数字人片段

2 选择第 3 个数字人片段，单击"配音"选项卡中的文本框，弹出"数字人文本配音"对话框，然后输入相应的文案，作为数字人的播报内容，如图 10-23 所示。

图 10-23　输入相应的文案

3 单击"保存并生成音频"按钮，即可生成相应的数字人同步配音内容，如图 10-24 所示。

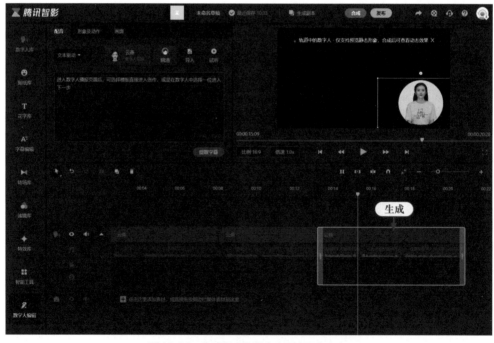

图 10-24　生成相应的数字人同步配音内容

10.1.4　制作第 4 个数字人片段

下面介绍第 4 个数字人片段的制作方法，主要是根据培训课程的节奏，更换教学内容的文案，让数字人继续完成后续的讲解，具体操作方法如下。

1 在视频剪辑页面的轨道区中选择第 3 个数字人片段，单击"复制"按钮■，复制第 3 个数字人片段，并适当调整其在轨道区中的位置，如图 10-25 所示。

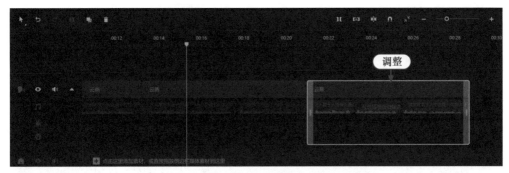

图 10-25　复制并调整数字人片段

┤ 专家提醒 ├

将时间轴拖曳至想要分割的位置，单击"分割"按钮■，即可完成片段的分割。注意，视频、音频以及其他轨道上的元素均支持分割。

2 选择第 4 个数字人片段，单击"配音"选项卡中的文本框，弹出"数字人文本配音"对话框，然后输入相应的文案，作为数字人的播报内容，如图 10-26 所示。

图 10-26　输入相应的文案

3 单击"保存并生成音频"按钮，即可生成相应的数字人同步配音内容，如图 10-27 所示。

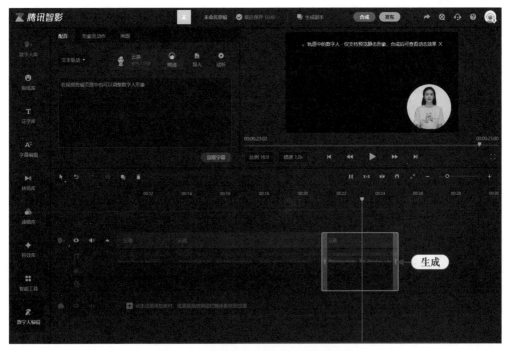

图 10-27　生成相应的数字人同步配音内容

10.1.5　制作第 5 个数字人片段

下面介绍第 5 个数字人片段的制作方法，通过复制第 1 个数字人片段，更换相应的文案内容，将其作为视频的片尾，具体操作方法如下。

1 在视频剪辑页面的轨道区中选择第 1 个数字人片段，单击"复制"按钮 ◼，复制第 1 个数字人片段，并适当调整其在轨道区中的位置，如图 10-28 所示。

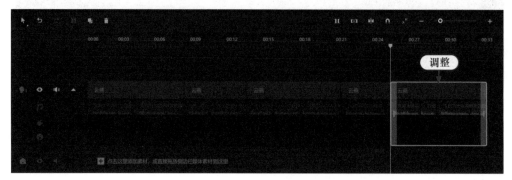

图 10-28　复制并调整数字人片段

┤ **专家提醒** ├

在轨道区中选择想要删除的片段，单击"删除"按钮 ◼，或按键盘上的【Delete】键，即可删除所选片段。将鼠标指针移动到相应轨道前面的 ◼ 标识处，出现"删除"按钮 ◼ 后，单击该按钮即可删除当前轨道中的全部内容。

2 选择第 5 个数字人片段，单击"配音"选项卡中的文本框，弹出"数字人文本配音"对话框，然后输入相应的文案，作为数字人的播报内容，如图 10-29 所示。

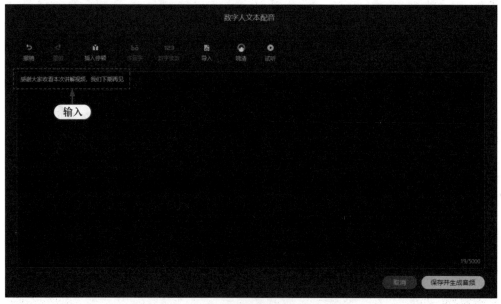

图 10-29　输入相应的文案

3 单击"保存并生成音频"按钮，即可生成相应的数字人同步配音内容，如图 10-30 所示。

图 10-30　生成相应的数字人同步配音内容

┤ 专家提醒 ├

　　单击数字人轨道前面的"收起"按钮▲，可以将数字人的音频、姿势等轨道折叠起来，如图 10-31 所示，以便用户进行更复杂的剪辑操作。

图 10-31　折叠数字人轨道

10.2　添加数字人视频的细节元素

　　本节主要介绍为教育培训数字人视频添加各种细节元素的技巧，具体包括添加教学背景图片、片头片尾标题、视频讲解字幕、鼠标指示贴纸和背景音乐等。

10.2.1　添加教学背景图片

　　通过数字人的语音讲解，同时搭配相应的教学图片，可以让学生更好地理解相关知识。下面介绍添加教学背景图片的操作方法。

　　1 在视频剪辑页面的轨道区中，单击■按钮，如图 10-32 所示。

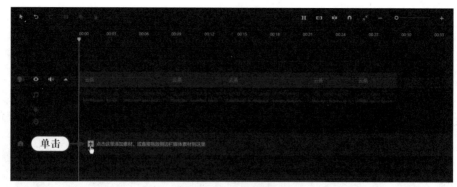

图 10-32　单击➕按钮

┤ **专家提醒** ├

如果用户不小心执行了错误的操作，那么可以单击"撤销"按钮➲，退回到上一步。通过轨道栏右侧的"缩小"按钮➖和"放大"按钮➕，可以缩放轨道。通过放大轨道，可以帮助用户进行更精细的剪辑操作。

---

2 执行操作后，弹出"添加素材"对话框，在"上传素材"选项卡中，单击选项卡下方的空白位置，如图 10-33 所示。

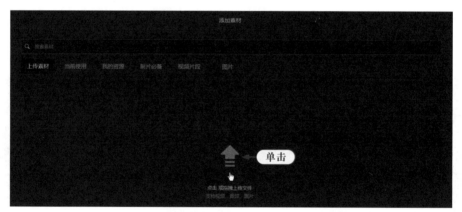

图 10-33　单击"上传素材"选项卡下方的空白位置

3 执行操作后，弹出"打开"对话框，选择相应的图片素材，单击"打开"按钮即可上传图片素材，如图 10-34 所示。

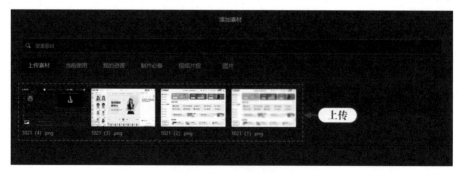

图 10-34　上传图片素材

4 单击相应的图片素材，弹出"添加素材"对话框，用户可以在此对素材进行裁剪，单击"添加"按钮，如图10-35所示。

5 执行操作后，即可将所选图片素材添加到主轨道中，然后适当调整图片素材的时长，使其与第1个数字人片段一致，如图10-36所示。

图10-35　单击"添加"按钮

图10-36　调整图片素材的时长

┤ **专家提醒** ├

选择需要旋转的视频片段，单击轨道栏中的"旋转"按钮 ，画面会顺时针旋转90°。

6 将时间轴拖曳至第2个数字人片段的起始位置，展开"我的资源"面板，切换至"我的资源"|"图片"选项卡，选择相应的图片素材，然后单击"添加到轨道"按钮 ，如图10-37所示。

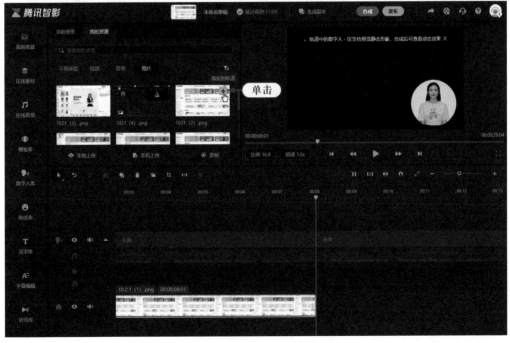

图10-37　单击"添加到轨道"按钮

7 执行操作后，即可将图片素材添加到主轨道中。适当调整第2个图片素材的时长，使其与第2个数字人片段一致，如图10-38所示。

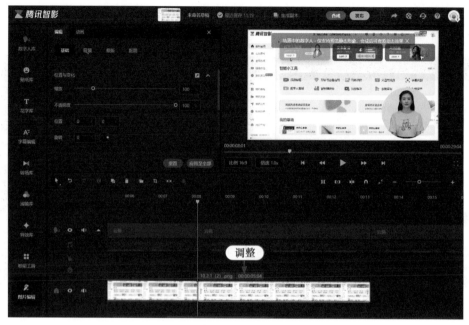

图10-38　调整第2个图片素材的时长

8 使用相同的操作方法，继续添加其他的背景图片，并适当调整各个图片素材的时长，使其与相应的数字人片段一致，如图10-39所示。

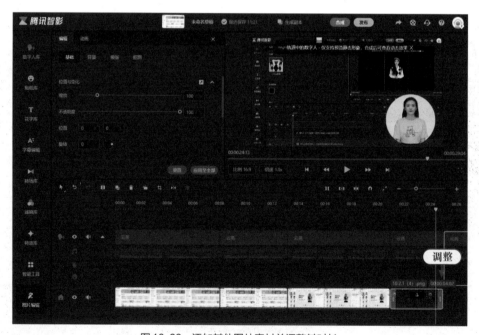

图10-39　添加其他图片素材并调整其时长

9 复制第1个图片素材，并将其拖曳至主轨道的结束位置，然后适当调整其时长，使其与最后一个数字人片段一致，如图10-40所示。

图 10-40　复制并调整相应图片素材

10.2.2　添加片头片尾标题

给数字人视频添加片头片尾标题，可以突出视频的主题和核心，帮助学生迅速了解视频的内容和目的，具体操作方法如下。

1 将时间轴拖曳至数字人视频的起始位置，展开"花字库"面板，在"花字"选项卡中单击"普通文本"右上角的"添加到轨道"按钮，如图 10-41 所示。

图 10-41　单击"添加到轨道"按钮

2 展开花字编辑面板，在"编辑"｜"基础"选项卡的"内容"选项区的输入框中，输入相应的文本内容，如图10-42所示。

3 在下方的"预设"选项区中，选择相应的预设样式，如图10-43所示。

图10-42　输入相应的文本内容

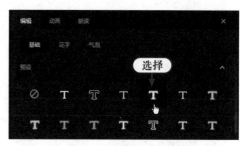

图10-43　选择相应的预设样式

4 切换至"气泡"选项卡，选择"橙色云"选项，调整标题文字的样式效果，并在预览窗口中适当调整标题文字的位置，如图10-44所示。

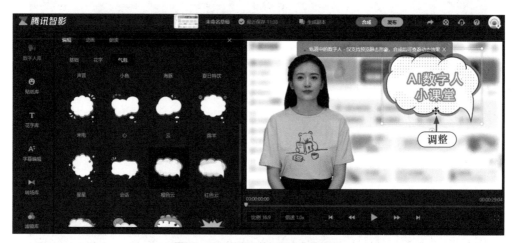

图10-44　适当调整标题文字的位置

5 切换至"动画"｜"进场"选项卡，选择"模糊"选项，为标题文字添加进场动画效果，如图10-45所示。

图10-45　为标题文字添加进场动画效果

6 使用相同的操作方法,在视频的起始位置再添加一个普通文本。在"编辑"|"基础"选项卡中适当修改文字内容,选择相应的预设样式,并适当调整文字的大小和位置,如图10-46所示。

图10-46 适当调整文字的大小和位置

7 切换至"动画"|"进场"选项卡,选择"弹入"选项,为普通文本添加进场动画效果,如图10-47所示。将两个片头文字的时长均调整为与第1个数字人片段一致。

图10-47 为普通文本添加进场动画效果

8 复制标题文字和普通文本，将其调整至视频的结束位置，然后修改片尾标题的文字内容，如图 10-48 所示。

图 10-48　适当修改片尾标题的文字内容

9 切换至"气泡"选项卡，选择"黄色星星"选项，调整文字样式效果，并将两个片尾文字的时长均调整为与第 5 个数字人片段一致，如图 10-49 所示。

图 10-49　调整两个片尾文字的时长

10.2.3　添加视频讲解字幕

给数字人视频添加同步讲解字幕，可以为学生提供额外的解释和说明，帮助他们更好地理解和记忆视频中的内容，具体操作方法如下。

1 选择第 1 个数字人片段，然后在"数字人编辑"面板的"配音"选项卡中单击右下角的"提取字幕"按钮，如图 10-50 所示。

图 10-50　单击"提取字幕"按钮

2 执行操作后，即可提取第 1 个数字人片段中的字幕内容，然后在预览窗口中适当调整字幕的位置，如图 10-51 所示。

图 10-51　适当调整字幕的位置

3 在"字幕编辑"面板中切换至"编辑"|"花字"选项卡，选择合适的花字样式，为字幕添加花字效果，如图10-52所示。

图10-52 添加花字效果

4 在"字幕编辑"面板中切换至"动画"|"进场"选项卡，选择"打字机1"选项，并将"动画时长"参数设置为2.46，然后单击"应用至全部"按钮，即可给其他字幕添加相同的进场动画效果，如图10-53所示。注意，其他字幕的"动画时长"参数需要单独调整。

图10-53 添加进场动画效果

5 使用相同的操作方法，提取其他数字人片段中的字幕，并添加相同的花字样式和进场动画效果，如图 10-54 所示。

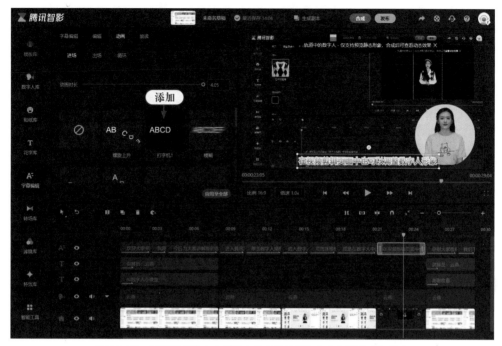

图 10-54　提取其他数字人片段中的字幕并添加花字和进场动画效果

10.2.4　添加鼠标指示贴纸

给数字人视频添加鼠标指示贴纸，可以有效地提高视频的教学效果和学生的学习效率。鼠标指示贴纸可用于展示重点内容、解题步骤、软件操作步骤等，使学生更容易理解和掌握知识。下面介绍添加鼠标指示贴纸的操作方法。

1 将时间轴拖曳至第 2 个数字人片段的起始位置，如图 10-55 所示。

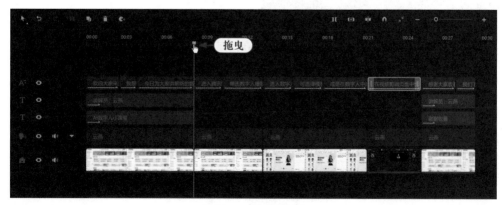

图 10-55　拖曳时间轴

2 展开"贴纸库"面板，切换至"贴纸"|"视频必备"选项卡，单击"像素白色鼠标"贴纸右上角的"添加到轨道"按钮，如图 10-56 所示。

3 执行操作后，即可添加"像素白色鼠标"贴纸效果。在"贴纸编辑"面板的"编辑"选项卡中，设置"缩放"为20%，"X坐标"为-305，"Y坐标"为-142，如图10-57所示，适当调整贴纸的大小和位置。

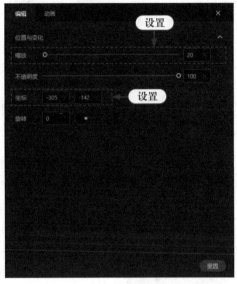

图 10-56　单击"添加到轨道"按钮　　　　　图 10-57　设置相应的参数

4 在轨道区中适当调整贴纸的时长，使其与第2个数字人片段的时长一致，如图10-58所示。

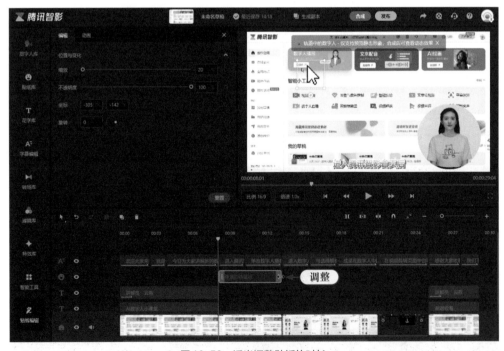

图 10-58　适当调整贴纸的时长

5 复制贴纸素材，并适当调整其在轨道中的位置和时长，使其对准相应的视频讲解字幕，同时在画面中适当调整贴纸的位置，如图10-59所示。

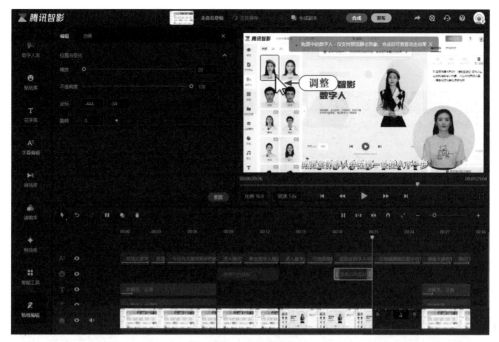

图10-59　复制并调整贴纸

6 再次复制贴纸素材,适当调整其在轨道中的位置和时长,使其对准第4个数字人片段,同时在画面中适当调整贴纸的位置和旋转角度,如图10-60所示。

图10-60　再次复制并调整贴纸

10.2.5　添加背景音乐

背景音乐可以大大提升视频的吸引力和感染力,而且通过使用轻松愉快的背景音乐,还能够减轻学生的紧张情绪，帮助学生更好地专注于视频内容。下面介绍添加背景音乐的操作方法。

1 将时间轴拖曳至起始位置，展开"在线音频"面板，切换至"音乐"|"纯音乐"选项卡，选择一个合适的纯音乐，然后单击右侧的"添加到轨道"按钮➕，如图10-61所示，即可添加背景音乐。

图10-61　单击"添加到轨道"按钮

2 在视频的结尾处分割音频素材，并删除多余的音频片段，然后在"音频编辑"面板中设置"音量大小"为60%，"淡入时间"和"淡出时间"均为1.0，降低背景音乐的音量，并添加淡入和淡出效果，如图10-62所示。

图10-62　调整背景音乐

3 制作完成后，预览数字人视频效果，如图10-63所示。

图10-63　预览数字人视频效果

习题答案

第1章 课后习题

1. 虚拟数字人的主要优势有哪些？

虚拟数字人的主要优势包括仿真性高、成本低、可塑性强、可控性高、可重复使用、交互性强等，具体内容可参考1.1.2小节。

2. 人工智能技术的概念是什么？

人工智能是研究、开发用于模拟、延伸和扩展人的智能的理论、方法、技术及应用系统的一门新的技术科学，它试图了解智能的实质，并生产出一种新的能以与人类智能相似的方式做出反应的智能机器。该领域的研究包括机器人、语言识别、图像识别、自然语言处理和专家系统等。

第2章 课后习题

1. 虚拟数字人的商业价值主要体现在哪些方面？

虚拟数字人的商业价值主要体现在虚拟偶像、领域"专家"、艺人分身、虚拟好友、虚拟主播、元宇宙分身等方面，具体内容可参考2.2节。

2. 虚拟数字人的商业化落地有哪些实现方法？

虚拟数字人的商业化落地有很多种可行的商业模式，其中与IP合作、与产业合作、走情感陪伴型路线等都是合适的选择。不同的商业模式都有其特点和发展空间，关键在于如何把握好市场需求和消费者心理，打造出适合自己定位的虚拟数字人形象并找到适合自己的商业模式。

第3章 课后习题

1. 腾讯智影的主要功能有哪些？

腾讯智影不仅有数字人播报、文本配音、AI绘画等强大的AI功能，还提供了很多智能小工具，包括视频剪辑、形象与音色定制、智能抹除、文章转视频、字幕视频、数字人直播、智能横转竖、视频解说、视频审阅、智能变声等。

2. 魔珐科技的AI虚拟人能力平台有哪些核心技术？

其核心技术包括TTSA（Text to Speech & Animation，文本驱动语音及动画）技术、STA（Speech to Animation，语音驱动动画）技术、ETTS（Emotional Text to Speech，有感情的语音合成）技术、智能动作与表情合成技术等。

第4章 课后习题

1. 使用ChatGPT生成旅游推广类数字人视频的标题。

1 在ChatGPT的对话窗口中输入相应的提示词，使用肯定的语句，可以给ChatGPT一个积极的开始，从而让它生成更符合要求的结果，如图1所示。

请为一个旅游推广类视频创作5个标题，要求[有韵味、有格调、引人入胜]   ← 输入 ▶

图1　输入相应的提示词

2 按【Enter】键确认即可生成相应的视频标题文案，同时还会配有画面内容的展示信息，具体内容如下。

> 当然，以下是五个有韵味、有格调、引人入胜的旅游推广类视频的标题。
>
> 1."探寻秘境之旅：神秘之地的星光之路"
> 2."风景如画：仙境之旅，心随景动"
> 3."极致奢华：梦幻海岛之旅，纵享天堂之美"
> 4."古城往事，现代风情：时光之旅"
> 5."大自然的奇迹：雪山之旅，感受自然的魔力"
>
> 希望这些标题能为您的旅游推广视频增色！

2. 使用ChatGPT生成耳机新品推荐的数字人口播文案。

1 在ChatGPT的对话窗口中输入相应的提示词，使用自然语言编写提示词，可以让ChatGPT更好地理解我们的需求，如图2所示。

输入

请作为一名资深电商运营人员，写一段关于[耳机]新产品的视频推文，要求介绍产品的特点和功能，强调产品的优势和价值，使用简洁明了的语言，设计有吸引力的标题和文案，引导观众采取进一步的行动，字数控制在300字左右。   ▶

图2　输入相应的提示词

2 按【Enter】键确认即可生成相应的新品推荐文案，在提示词中提供充足的背景和上下文信息，ChatGPT便可以很好地理解问题的意图，从而生成更准确、更符合我们期望的回复，具体内容如下。

> 🎧【新品上线】音乐，由此刻开始！介绍我们的最新杰作——音乐悠扬耳机2.0 🎶
>
> ✨ 为什么选择音乐悠扬耳机2.0？因为我们了解您的音乐需求！ ✨
>
> 🎵高保真音质：享受清晰逼真的声音，每个音符都是如此动听。
> ⚡快速充电：只需充电15分钟，即可畅听4小时，无须等待，音乐时刻伴您左右。
> 📱智能触控：轻松控制音乐、通话和激活助手，无须拿出手机。
> 🚀强劲续航：一次充电，长达24小时续航，助您尽情享受音乐的陪伴。
> 💦防汗设计：即使在剧烈运动中也不必担心，音乐悠扬耳机2.0始终陪伴您。
>
> 音乐是生活中的灵魂，而音乐悠扬耳机2.0是您的忠实伙伴。升级您的音乐体验，从现在开始！ 🎉
>
> 🛒立即点击链接，抢购音乐悠扬耳机2.0，让音乐充满您的生活：[产品链接] 🛍
>
> 不要错过这次音乐之旅，一切尽在音乐悠扬耳机2.0！ 🎧 🎶 #音乐时刻

第5章 课后习题

1. 使用Stable Diffusion制作一个真人风格的数字人形象。

1 进入"文生图"页面，选择一个通用写实类大模型，如图3所示。

2 输入相应的提示词和反向词，描述画面的主体内容并排除某些特定的内容，使生成的图像更符合需求，如图4所示。

图3　选择通用写实类大模型　　　　　　图4　输入相应的提示词和反向词

3 在页面下方选中"面部修复"复选框，并设置"迭代步数"为30，"采样方法"为DPM++ 2M Karras，"宽度"为512，"高度"为768，将画面尺寸调整为竖图，提升图像的真实感和人物脸部的精准度，如图5所示。

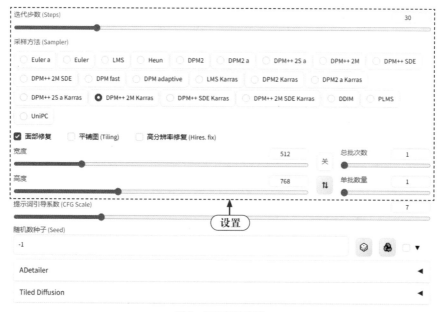

图5　设置相应参数

4 单击"生成"按钮即可快速生成真人风格的数字人形象，效果如图6所示。

图6　生成真人风格的数字人形象

2. 使用Stable Diffusion制作一个动漫风格的数字人形象。

1 进入"文生图"页面，选择一个2.5D动画风格的大模型，如图7所示。

2 输入相应的提示词和反向词，描述画面的主体内容并排除某些特定的内容，如图8所示。

图7　选择2.5D动画风格的大模型

图8　输入相应的提示词和反向词

3 在页面下方设置"迭代步数"为20，"采样方法"为Euler a，"宽度"为512，"高度"为768，将画面尺寸调整为竖图，让生成的图像偏动漫风格，如图9所示。

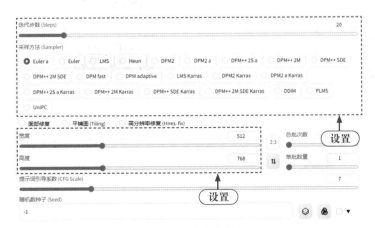

图9　设置相应参数

4 单击"生成"按钮即可快速生成动漫风格的数字人形象，效果如图10所示。

图10　生成动漫风格的数字人形象

第6章　课后习题

1. 使用腾讯智影制作一个旅游推广类数字人视频。

1 单击"模板"按钮，展开"模板"面板，选择一个合适的数字人模板，如图11所示。

图11　选择一个合适的数字人模板

2 在编辑区的"播报内容"选项卡中单击"导入文本"按钮，导入自定义的播报内容，单击"保存并生成播报"按钮，即可根据文字内容生成语音播报，如图12所示。

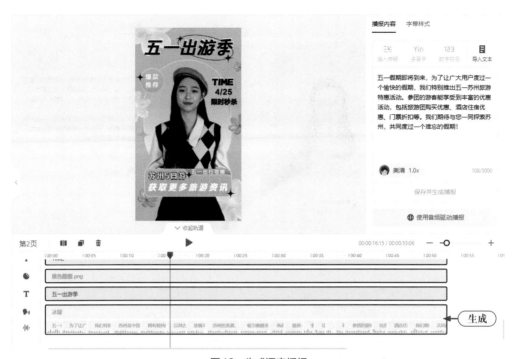

图12 生成语音播报

2. 使用腾讯智影制作一个直播预报类数字人视频。

1 单击"模板"按钮,展开"模板"面板,选择一个合适的数字人模板,如图13所示。

图13 选择一个合适的数字人模板

2 在编辑区的"播报内容"选项卡中单击"导入文本"按钮,导入自定义的播报内容,单击"保存并生成播报"按钮,即可根据文字内容生成语音播报,如图14所示。

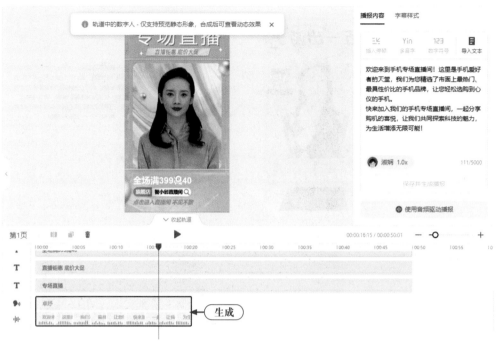

图 14　生成语音播报

3 适当调整其他文字元素的持续时长，使其与数字人播报内容的时长一致，如图 15 所示。

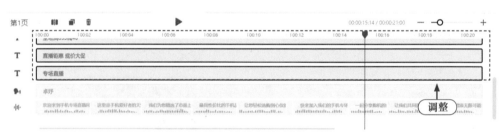

图 15　调整其他文字元素的持续时长

第 7 章　课后习题

1. 腾讯智影数字人直播功能中的实时接管功能有什么作用？

实时接管是指在直播过程中可以随时"打断"正在播放的预设内容，插播临时输入的内容进行播报。这样既可以对观众的问题进行有针对性的解答，降低内容重复的风险，也能够有效提高数字人直播的互动性。

2. 在开启互动后，直播间触发没有反应的原因有哪些？

具体内容请参考 7.2.5 小节。正常情况下，在创建直播时将互动问答库与节目进行绑定，即可在平台开播后，根据输入的直播平台的直播间名称、链接，捕捉直播间实时弹幕评论和观众行为，触发数字人直播的自动回复，从而实现和直播间观众的互动。